LE

VER A SOIE DU CHÊNE

(BOMBYX YAMA-MAÏ)

PARIS. — IMP. SIMON RAÇON ET COMP., RUE D'ERFURTH, 1.

LE
VER A SOIE DU CHÊNE

(BOMBYX YAMA-MAÏ)

SON HISTOIRE — SA DESCRIPTION — SES MŒURS
SON ÉDUCATION — SES PRODUITS

OUVRAGE COURONNÉ PAR LA SOCIÉTÉ IMPÉRIALE D'ACCLIMATATION

ENCOURAGÉ PAR LL. EE. LE MINISTRE DE L'INSTRUCTION PUBLIQUE
ET LE MINISTRE DE L'AGRICULTURE, DU COMMERCE ET DES TRAVAUX PUBLICS

Avec trois planches coloriées et gravures

PAR

CAMILLE PERSONNAT

QUATRIÈME ÉDITION, REVUE ET AUGMENTÉE

PARIS

LIBRAIRIE AGRICOLE DE LA MAISON RUSTIQUE
26, RUE JACOB, 26

1868

AVIS DES ÉDITEURS

L'épuisement rapide des trois premières éditions et les demandes qui nous sont journellement adressées, rendaient nécessaire une nouvelle édition du livre de M. Personnat, reconnu comme le seul traité de l'éducation du Ver à soie du chêne.

Afin de le mettre au courant des plus récentes acquisitions de la science expérimentale, l'auteur a intercalé dans le texte de cette QUATRIÈME ÉDITION les diverses observations fournies par la campagne de 1867, et l'a fait suivre du Compte rendu des éducations qu'il a faites dans le parc du champ de Mars, pendant l'Exposition universelle.

C'est donc un ouvrage complet que nous offrons aujourd'hui au public scientifique et agricole.

1er janvier 1868.

INTRODUCTION

La soie, la plus belle des matières textiles connues,
est aussi l'une des plus hygiéniques, lorsqu'elle sert à la
confection des vêtements. Souple, fine et brillante; dura-
ble, chaude et légère, elle possède un ensemble de qualités qui lui assurent une immense supériorité sur toutes les
autres matières, animales ou végétales, employées dans
l'industrie du tissage.

Tandis que ses belles qualités donnent naissance aux
riches et somptueuses étoffes qui alimentent et provoquent
le luxe « effréné » ou non, ses qualités inférieures four-
nissent encore des tissus très-beaux, très-sains, très-soli-
des, et qui se substitueraient rapidement, dans bien des
cas, aux étoffes de laine, de fil et de coton, s'ils pouvaient
être livrés aux mêmes prix.

Aussi, malgré sa valeur encore très-élevée, cette précieuse matière se répand-elle de plus en plus dans toutes

les classes de la société. La consommation en devient naturellement chaque jour plus considérable; et, dès 1855, époque à laquelle la France en employait moitié moins qu'aujourd'hui, la valeur des matières soyeuses consommées annuellement s'élevait déjà à plus de 350 millions, dont près de 200 étaient fournis par l'étranger. Malheureusement, depuis lors, la maladie frappe le Ver du mûrier avec une si désolante persévérance, que la production de la soie suit, en Europe, une marche inverse à celle de la consommation; elle diminue chaque année et chaque année s'aggrave ainsi l'impôt fort lourd que nous payons à l'étranger pour l'approvisionnement de nos fabriques.

C'est dans de telles circonstances, et pour venir en aide à cette magnifique industrie en péril, que des savants dévoués se sont livrés, dans toutes les parties du monde, à la recherche d'espèces nouvelles de Vers pouvant fournir de la soie, et que des expérimentateurs persévérants ont consacré leur temps et leurs soins à l'étude et à l'acclimatation de ces insectes.

Rangé fort modestement parmi ces derniers travailleurs, c'est dans l'Ardèche, ce pays de la soie par excellence, ce berceau de la sériciculture française, où comme secrétaire de la Société des sciences naturelles du département et du Comice agricole de Privas, je me livrais à l'étude du fléau qui ravage la sériciculture; c'est à Privas, dis-je, que j'entrepris, dès leur apparition en France, l'introduction des nouveaux Vers dans la vallée du Rhône.

Mes expériences se portèrent d'abord sur le Ver de l'ailante (*Bombyx Cynthia*), que le savant entomologiste, M. Guérin-Méneville, venait d'importer d'Italie..

Les essais successifs que je fis de cette espèce, pendant plusieurs années, furent couronnés d'un plein succès et j'obtins de très-beaux résultats sous ce climat, où l'on peut faire facilement deux récoltes par an. Les propriétaires de l'Ardèche et des contrées voisines comprirent que les crêtes dénudées de leurs coteaux calcaires pourraient se couvrir de bois d'ailante, et donner sans peine de bons produits, dans des terrains de mince valeur, tandis que les vallées seraient réservées pour la culture du mûrier, plus précieuse et plus délicate.

Mais bientôt parut le Ver du chêne du Japon, le *Bombyx Yama-maï*. Ses hautes qualités le désignaient spécialement à l'attention des contrées séricicoles.

Je fus assez heureux, grâce à mes modestes travaux en sériciculture, pour être mis au nombre des premiers et très-rares expérimentateurs à qui, en Europe, la Société impériale d'acclimatation distribua le petit lot de semences qu'elle avait reçu de M. Pompe van Meerdervoort, et je dois avouer qu'après avoir reconnu la rusticité du Ver, la beauté du cocon et la richesse du produit, je m'attachai presque exclusivement à la culture de cet admirable séricigène, afin de le conquérir à la France par une acclimatation définitive.

Je ne dirai point les efforts, les soins, les fatigues de toute sorte que m'a coûtés l'étude approfondie de cette espèce, sur laquelle nous ne savions encore rien ou presque rien. Pour surprendre ses habitudes, il fallait une observation de tous les instants du jour et de la nuit; il fallait même deviner ses mœurs et ses besoins, afin d'éviter un échec. Il ne suffisait pas, d'ailleurs, de la théorie; il fallait faire entrer ces éducations dans la grande pratique, et là encore les difficultés se dressaient de toutes parts.

Mais, dans les travaux de cette nature, le temps et le travail comptent pour peu de chose, lorsqu'on réussit. Chaque découverte, chaque résultat heureux, chaque observation utile est une récompense qui suffit au naturaliste.

Sous ce rapport, je suis aujourd'hui largement dédommagé de mes peines. J'ai eu le bonheur de réussir au delà de toute espérance, et cet été, après trois années seulement, j'ai pu élever, sous mes yeux, en plein air, à Laval, où j'ai dû transporter ma résidence, environ 20,000 Vers, sur 5,000 jeunes chênes plantés dans mon enclos ou sur branches coupées. J'ai pu suivre ainsi, une à une, pendant plusieurs générations, toutes les phases de leur existence et j'ai noté minutieusement leurs habitudes, les soins particuliers qu'ils réclament.

C'est le résultat de mes études et de mon expérience que je viens offrir aux personnes qui s'intéressent à l'élevage du précieux Ver du chêne. Il manquait, en effet, pour aider au développement rapide de cette culture, un guide pratique, donnant à l'éducateur inexpérimenté tous les renseignements nécessaires. Ce livre m'était, d'ailleurs, demandé depuis longtemps avec instances par un grand nombre de personnes désireuses de contribuer à la fondation de cette nouvelle et lucrative industrie.

Ayant à m'adresser plus particulièrement à des propriétaires, étrangers le plus souvent aux pratiques de la sériciculture, j'ai dû, avant tout, demeurer simple et clair. Il m'a fallu même, dût la rédaction en souffrir, entrer dans les détails et ne pas craindre les répétitions, afin de me faire mieux comprendre et de forcer la mémoire à retenir des précautions peut-être minutieuses, mais dont la plus simple pouvait quelquefois assurer le succès. J'ai voulu, enfin, que ce travail fût un vrai guide, utile à consulter pour tous les instants de la vie des Vers.

Puissé-je avoir réussi !

Puissé-je avoir, en frayant la route, engagé quelques hommes dévoués au bien public à tenter, eux aussi, dans leur commune, l'introduction de cette belle et féconde industrie agricole !

Je ne parle pas des éléments de fortune que l'on y peut trouver et de la source immense de richesse qu'elle peut devenir pour une contrée ! L'avenir, j'en suis convaincu, lui réserve de grandes destinées. La Mayenne, dont le climat semble particulièrement favorable, les contrées qui l'avoisinent, le Maine, l'Anjou, la Bretagne, la Normandie, l'Ouest et le centre de la France, toute l'Europe centrale; enfin, toute cette zone immense, également à l'abri des grands froids, des chaleurs excessives, et où le chêne abonde naturellement, peut devenir, pour le précieux insecte, une nouvelle patrie susceptible de fournir de la soie du chêne en quantités considérables.

Le vif intérêt, je dirai presque l'enthousiasme, qu'ont excité mes Vers et leurs produits dans tous les Concours agricoles, à toutes les Expositions où je les ai présentés, les nombreuses et hautes récompenses qui leur ont été décernées, me prouvent combien les populations rurales et les Jurys ont entrevu, dans cette culture, des résultats sérieux.

Nous avons la nourriture, sachons l'utiliser. Le champ offert au développement du *Yama-maï* est plus vaste encore que celui où le Ver du mûrier florissait naguère, et où il ne tardera pas sans doute à ramener l'abondance et la fortune.

Mais nous n'en sommes pas encore arrivés à cette période de grande production. Et, bien qu'on puisse obtenir, dès à présent, de beaux bénéfices par la vente des œufs, je préfère, pour encourager au développement de cette œuvre, faire appel aux sentiments de patriotisme que chacun porte en soi et qui poussent naturellement à coopérer au bien général.

Je puis donc, aux hommes d'initiative et de progrès, dont je parle, dire avec la certitude d'être entendu et compris : Poursuivons avec courage et persévérance la propagation de cette merveilleuse espèce de séricigène, afin de créer une inépuisable source de richesse dans nos industrieuses contrées, et afin d'assurer, par l'incessante activité de nos usines, le travail et le bien-être du peuple !

Camille PERSONNAT.

Laval, École de sériciculture, 15 décembre 1865.

N. B. — Je prie les personnes qui se livreront à l'éducation ou à l'étude du Ver du chêne, de vouloir bien me faire part des faits nouveaux qu'elles pourront constater avec certitude et des observations qui leur seront suggérées par leurs travaux.

LE

VER A SOIE DU CHÈNE

— Bombyx Yama-maï —

ORIGINE ET IMPORTATION EN EUROPE

C'est dans l'extrême Orient, ce berceau privilégié de la grande industrie de la soie, que se trouve encore la patrie de la plus belle des espèces séricigènes sur lesquelles se soient portés, dans ce siècle, l'esprit d'observation et les tentatives d'acclimatation en Europe.

Depuis fort longtemps, l'Empire japonais élève, concurremment avec toutes les espèces de Vers à soie qui se nourrissent du mûrier, le Ver du chêne, *Bombyx Yama-maï*, dont les admirables produits forment, suivant les uns, l'un des plus beaux profits de la Famille Impériale, servent uniquement, disent les autres, à la confection des étoffes de luxe destinées à la Famille du Souverain.

Quel que soit l'emploi des matières fournies par cet insecte, les Japonais le tiennent en si haute estime, qu'une loi conservatrice punissait de mort, il y a quelques mois encore, quiconque livrait à l'étranger ou exportait ses précieuses semences. Telle est même la cause de l'ignorance complète dans laquelle se trouvaient les autres nations à son égard.

1

Mais, au commencement de 1861, pendant la présence de nos armes dans les mers du Japon, M. Duchesne de Bellecourt, consul général et chargé d'affaires de France au Japon, ayant eu connaissance de la beauté de la soie produite par ce Bombyx, parvint à se procurer quelques œufs de l'espèce et les adressa au Gouvernement français qui les remit à la Société impériale d'acclimatation [1].

Ces graines furent confiées au Muséum pour que l'éducation en fût suivie au Jardin des Plantes. Malheureusement on ne connaissait rien des mœurs ou des habitudes de cet insecte ; on ne savait même pas de quel végétal il faisait sa nourriture. Aussi les œufs commencèrent-ils à éclore vers le 15 mars, et, refusant tous les végétaux qui leur étaient présentés, la plupart des chenilles périrent dès leur naissance. Toutefois, dans les premiers jours d'avril, un chêne placé dans une serre (*Quercus cuspidata*) ayant commencé à développer ses bourgeons, les Vers en mangèrent et l'on conçut, dès lors, l'espoir de les sauver.

M. le président de la Société d'acclimatation écrivit immédiatement à Toulon et à Hyères pour demander des feuilles de chêne ; les petites chenilles de *Yama-maï* en furent nourries à partir du 9 avril, jusqu'au moment où les chênes de Paris donnèrent assez de feuilles pour suffire à leur alimentation.

Ces chenilles, au nombre d'une quarantaine, grossirent, en donnant de belles espérances, jusqu'après la quatrième mue ; mais elles étaient élevées dans la serre aux serpents, où l'air, étouffé et trop chaud, ne pouvait que leur être nuisible ; c'est probablement pour cette cause principale, qu'au cinquième âge toutes les chenilles, moins cinq, périrent en quelques

[1] Un document authentique, communiqué à la Société d'acclimatation, a établi que ces premiers œufs de *Yama-maï* ont été fournis à M. Duchesne de Bellecourt par M. Louis Bourret, de Privas (Ardèche), alors négociant en soie à Yoko-Hama.

jours de la même maladie (exsudation d'un liquide noirâtre par tous les pores).

Les cinq chenilles épargnées firent des cocons imparfaits qui ne donnèrent aucun papillon.

Heureusement quelques œufs de la même provenance avaient été remis au savant entomologiste, M. Guérin-Méneville, pour la détermination de l'espèce. Des Vers qu'ils lui donnèrent un seul naquit assez tard pour être nourri de feuilles de chêne. Il fut porté chez M. Année, à Passy, où il se développa avec succès, dans une serre, auprès de la porte toujours ouverte. Il fit un très-beau cocon, d'où sortit un papillon femelle.

Cette éducation, infructueuse pour la propagation de l'espèce, permit toutefois d'étudier et de reconnaître les principales habitudes et la vigueur de la chenille ; la grosseur, la beauté de forme et la couleur du cocon ; la souplesse, le brillant et l'élasticité de la soie ; enfin les caractères physiologiques, scientifiques du papillon.

Dans de telles circonstances, on ne pouvait que désirer ardemment un second envoi de semences.

Aussi M. Eugène Simon, commissaire général agricole du Gouvernement français en Chine et au Japon, reçut-il la mission particulière de rechercher et de rapporter des œufs de *Yama-maï* ; mais la loi rigoureuse qui voulait, sous peine de mort, conserver à l'Empire japonais l'exclusive possession de cette magnifique espèce, fut un obstacle insurmontable à la réalisation de ce dessein.

Obligé de quitter le Japon sans avoir pu obtenir de cette précieuse graine, M. Eugène Simon laissait heureusement derrière lui un savant dévoué à cette cause, M. Pompe van Meerdervoort, officier médical dans la marine royale néerlandaise, directeur de l'École impériale de médecine de Nagasaki, dont il avait fait la connaissance et qui, ayant compris la haute portée d'une telle conquête, parvint à atteindre le but si vivement désiré.

C'est, en effet, à M. Pompe van Meerdervoort que nous devons les rares semences qui ont engendré tous les Vers que nous possédons aujourd'hui en Europe.

Au commencement de janvier 1865, ce savant, de retour en Hollande, fit le partage des œufs qu'il avait rapportés. Le principal lot fut remis, suivant la promesse qu'il en avait faite à M. Simon, au Gouvernement français, qui le transmit à la Société d'acclimatation chargée de le distribuer ; deux autres lots furent conservés par lui pour son pays ou pour des amis ; le quatrième et dernier fut remis à M. le docteur Bleeker, qui en avait demandé pour M. Guérin-Méneville, à Paris.

M. Pompe van Meerdervoort ayant cru de son devoir, comme Hollandais, de publier une Notice, « afin qu'on sût à quoi s'en tenir sur l'introduction du Ver *Yama-maï* en Europe, » nous ne pouvons mieux faire que de la reproduire ci-après :

« M. Duchesne de Bellecourt, consul général et chargé d'affaires de Sa Majesté l'Empereur des Français au Japon, envoyait en 1861 quelques graines du Bombyx Yama-maï à la Société d'acclimatation. C'est avec ces graines qu'on fit des expériences qui ont eu pour résultat de signaler ce nouveau Ver à soie comme étant d'une grande importance pour l'industrie séricicole.

« En 1862, j'avais l'honneur de faire la connaissance de M. Eugène Simon, commissaire agricole du Gouvernement français en Chine et au Japon; ce monsieur me parlait de la grande importance du Bombyx Yama-maï, et nous faisions ensemble tout ce qui était en notre pouvoir pour nous procurer les graines de ce Bombyx : mais, hélas ! nous ne pouvions pas réussir, et l'on nous disait que c'était absolument impossible de nous en fournir.

« M. Simon devait partir pour la Chine, et je lui promis, avant son départ, de continuer à tâcher de me procurer de ces graines tant désirées, et en cas de réussite, d'en offrir au Gouvernement français...

« Mais plus je m'empressais, plus je voyais que c'était très-difficile, pour ne pas dire impossible. Je m'adressai à des négociants japonais, aux sériciculteurs, à plusieurs naturalistes indigènes de mes amis, et enfin au Gouvernement japonais lui-même; mais tout en vain, on me répondait toujours que l'exportation de ces graines était défendue sous peine de mort. C'est alors qu'il me vint une autre idée, c'était celle de m'adresser à un de mes élèves. Comme directeur en chef de l'École impériale de médecine à Nagasaki, j'avais

chez moi des étudiants des différentes provinces du Japon, et, entre autres
, aussi, des provinces d'*Etizen* et de *Vigo* ou *Higo* [1]. Un de ces jeunes gens,
qui m'avait déjà donné plusieurs fois des preuves d'un dévouement extraordi-
naire, fut choisi par moi pour cette expédition. Je lui expliquai l'affaire et je
lui proposai de faire le voyage à Vigo à mes frais, d'y récolter autant de graines
qu'il le pourrait, et de me les transmettre. Ce brave jeune homme, auquel
j'ai promis solennellement de ne jamais dire son nom, se mit en voyage dès
le lendemain, et, après une absence de quinze jours, il me remit avec le plus
grand secret les graines du Bombyx Yama-maï qu'il avait récoltées avec
beaucoup de peine et beaucoup de danger. Il me disait que personne ne se
doutait du but de son voyage. C'était en octobre 1862. Ma mission au Japon
était remplie le 1ᵉʳ novembre 1862, je partis pour l'Europe avec la malle
anglaise, et je me chargeai des soins de porter les graines en Europe.

« Ces soins ne sont pas très-faciles à bord des navires à vapeur naviguant
dans les tropiques. Si l'on tient les graines dans sa cabine, on court grand
risque qu'elles éclosent, car la température y est, au mois de novembre, encore de 95° Fahr., et, dans la mer Rouge, elle monte même jusqu'à 105° et
plus. J'ai donc profité de l'avis que M. Simon m'avait donné de les mettre
dans les glacières qu'on trouve à bord de ces navires, quoiqu'elles ne contiennent souvent que très-peu de glace. Toutefois je crois que je dois en
grande partie à cette mesure que les œufs soient arrivés en bon état en
Europe.

« J'arrivai à la Haye au commencement de janvier, et je m'empressai
d'expédier des graines. La plus grande partie fut offerte par moi au Gouvernement français et à la Société impériale zoologique d'acclimatation, selon
ma promesse faite à mon ami Simon. Une autre partie fut envoyée par moi
au Nederl. Handelmaatschappij, comme je l'avais promis à leur agent,
M. Bauduin, à Nagasaki, pour être partagée entre M. de Graaf et, je crois, en
partie, à M. de Weckherli, secrétaire de S. M. la Reine des Pays-Bas.

« J'offrais une troisième partie à mon Gouvernement, et S. Exc. le ministre de l'intérieur les a envoyées à la Société néerlandaise d'entomologie.
Enfin il me restait encore une petite quantité de graines que j'ai données au
célèbre naturaliste M. le docteur Bleeker, qui les avait demandées pour
M. Guérin-Méneville, à Paris. »

Ainsi, pour résumer la question, c'est M. Duchesne de Bellecourt qui, en 1861, a envoyé en France, à la Société d'ac-

---

[1] Les provinces d'*Etizen* et de *Vigo* sont les seules où les Yama-maï soient
cultivés; pourtant on veut développer cette culture partout où il y a des
chênes, et pour cette raison l'exportation des graines est sévèrement défendue.

climatation, les premières graines de *Yama-maï* parues en Europe. Ce sont ces graines qui ont servi à expérimenter l'éducation des nouveaux Vers, dont un seul, provenant du lot remis à M. Guérin-Méneville, a fait un cocon vivant ; c'est ce cocon qui a permis de connaître la beauté de la soie et d'où est sorti le papillon qui a servi à M. Guérin-Méneville à la détermination et à la description de l'espèce.

Puis, c'est M. Eugène Simon qui, en 1862, étant à la recherche d'un moyen de se procurer de ces graines, a intéressé M. Pompe van Meerdervoort à cette entreprise importante et difficile.

Enfin, c'est M. Pompe van Meerdervoort qui, après le retour en Chine de M. Simon, a pu faire récolter, au milieu d'obstacles sans nombre et de dangers sérieux, quelques-unes des précieuses semences, et en a généreusement offert la plus grande part à la France, soit au Gouvernement qui les a remises à la Société d'acclimatation chargée de les distribuer aux personnes les plus capables d'en tirer bon parti, soit à M. Guérin-Méneville, par l'intermédiaire de M. le docteur Bleeker.

C'est de la Société d'acclimatation que j'ai reçu, en février 1863, le gramme d'œufs qui a si bien réussi chez moi et qui, en se développant par la reproduction, m'a donné les magnifiques récoltes que j'ai obtenues depuis deux ans.

NOURRITURE

ESPÉCES DE CHÊNES ET VÉGÉTAUX DIVERS

J'ai dit qu'on ignorait, tout d'abord, de quel végétal se nourrissait le *Bombyx Yama-maï* et que le hasard avait fait découvrir, lors de la première tentative d'éducation en France, que les chenilles mangeaient la feuille du chêne.

L'expérience et les renseignements recueillis ultérieurement confirmèrent les premières données acquises, et l'on sut que le chêne était, en effet, l'arbre sur lequel, même au Japon, vivait habituellement le nouveau Ver à soie.

Toutes les espèces ou variétés de chênes qui croissent naturellement sous nos climats sont propres à servir de nourriture au *Yama-maï*. Parmi celles qui, répandues en France et dans l'Europe centrale, paraissent le mieux lui convenir, les principales sont :

1° Le *Quercus pedunculata* (chêne pédonculé, chêne blanc.) Fruits 2-5, agglomérés au sommet d'un pédoncule; feuilles de grandeur inégale, fastigiées au sommet des rameaux ou de leurs divisions. Cette espèce, qui reprend sa verdure quelques jours avant les autres, dans un même lieu, est utile surtout pour le premier âge du Ver. Elle est commune dans toute la France.

2° *Quercus sessiliflora* (chêne noir, chêne rouvre). Fruits sessiles sur les rameaux. Feuilles éparses, d'un vert sombre, lisses, luisantes et se conservant fraîches assez longtemps après avoir été cueillies. C'est la plus répandue de toutes les espèces, celle qui constitue l'essence dominante des forêts du Centre et du Nord. Les Vers s'en accommodent très-bien.

3° *Quercus pubescens* (chêne pubescent), à feuilles un peu velues-pubescentes dans leur jeunesse. Le Ver les mange parfaitement à tout âge. Il croît plus particulièrement sur les terrains calcaires et aux expositions méridionales.

On peut citer encore : le *Quercus Cerris*, à feuilles distantes les unes des autres; et le *Q. Tozza*, à feuilles un peu plus dures, mais que le *Yama-maï* mange également bien.

Toutes ces espèces ou variétés de chêne donnent les cocons de même nuance, d'un beau vert jaunâtre. C'est, paraît-il, le mode d'éducation plutôt que le genre de nourriture qui influe sur la couleur de la soie.

C'est à dessein que je n'ai pas compris dans la liste qui précède les *Quercus Ilex* (yeuse, chêne vert) et *Q. Suber* (chêne liége); car, si les chenilles en mangent volontiers au printemps, dans les premiers âges, je doute que la dureté des feuilles en été leur permette de s'en alimenter pendant toute la durée de leur vie. Dans l'affirmative, d'ailleurs, il est probable que la qualité de la soie en deviendrait inférieure.

Au Japon, d'après les documents écrits qui nous ont été fournis et qui sont rapportés à la fin de ce livre, les espèces de chênes employées pour les éducations du *Bombyx Yama-maï* sont au nombre de cinq; je les mentionne ici sommairement.

1° *Quercus siro-kasi*; le chêne blanc, ou chêne farineux.

2° *Quercus dentata*, ou chêne à feuilles dentées. Ses feuilles sont très-grandes et conviennent parfaitement à l'alimentation des Vers.

Les chenilles nourries avec le feuillage de ces deux chênes font des cocons qui donnent beaucoup de soie.

3° *Quercus serrata* (japonais : *kasi-va*.)

4° *Mitsu-nava*.

Les vers nourris avec les feuilles de ces arbres grandissent rapidement et forment des cocons moelleux, forts et d'un fil supérieur.

5° *Nava-no-ki* (variété du *Quercus serrata*.)

Telles sont les variétés de chênes qui, au Japon, sont considérées comme méritant la préférence pour élever le *Yama-maï*. Elles ont, en général, la feuille plus grande, plus abondante que le chêne français ; aussi serait-il avantageux, peut-être, dans l'avenir, de s'en procurer et de les greffer sur les chênes de nos pays. Quelques années suffiraient pour obtenir des taillis vigoureux et parfaitement établis pour la culture en grand du précieux séricigène.

Mes expériences et celles de quelques autres personnes ont fait connaître que la chenille de cet insecte, comme celle de la plupart des gros lépidoptères de la section des bombycites, est polyphage, c'est-à-dire qu'elle peut se nourrir de plusieurs sortes de végétaux.

En effet, j'ai pu élever des Vers, jusqu'au coconnage, sur le cognassier commun (*Cydonia vulgaris*.) Cet arbre, qui croît très-rapidement et dont les larges feuilles commencent à se développer longtemps avant celles du chêne, est précieux pour commencer les éducations, lorsque, par suite de froids extraordinaires, le chêne est trop en retard.

Chez M. le docteur Chavannes, de Lausanne, l'alisier (*Sorbus aria* ou *torminalis*) leur a été donné sans inconvénient.

Quelques éducateurs, parmi lesquels M. le maréchal Vaillant, ont observé qu'au premier âge, les jeunes chenilles mangent bien les fleurs rouges du cognassier du Japon (*Cydonia japonica*.)

L'*Azerolier*, le *Photinia glabra* (de Chine), et divers autres arbustes pourraient leur être servis également. Le *Photinia* surtout, dont les nouvelles feuilles commencent à se montrer dès la fin de février, est fort utile lorsqu'il survient quelques éclosions prématurées qu'on ne veut pas laisser perdre.

Enfin, j'ai donné à mes Vers au cinquième âge, une branche de châtaignier mêlée à celles de chêne : ils en ont mangé les feuilles sans paraître y faire attention.

Je crois qu'en général, les chenilles sont moins difficiles, pour le changement de nourriture, à mesure qu'elles avancent en âge, et qu'elles ne deviennent réellement polyphages qu'après la dernière mue, alors que leur estomac est plus fortement constitué et que la faim les presse.

Y aurait-il, d'ailleurs, avantage à donner aux Vers une nourriture autre que le chêne?... Cette dernière essence abonde, et de longtemps on ne pourra faire consommer en France toute la feuille disponible; et puis, une alimentation différente de celle attribuée par la nature au *Yama-maï* n'aurait-elle pas pour effet d'empêcher sa reproduction, du moins avec toute absence de germe maladif? Ce dernier point est à étudier. Jusqu'à présent on sait seulement que le précieux Ver à soie arrive à faire son cocon, pendant une génération au moins, **sur** quelques arbres d'essence autre que le chêne. On n'en sait pas encore plus long.

Quel que soit le résultat de ces études, il n'aura pas été, toutefois, sans intérêt de rechercher les essences végétales susceptibles de suppléer, dans des cas urgents, le roi des forêts européennes, dont les feuilles se développent tardivement. Sous ce rapport, les travaux des expérimentateurs auront été utiles et pourront prévenir quelques échecs.

Mais il ne faut pas perdre de vue que le chêne est l'arbre par excellence pour l'avenir du *Yama-maï*, parce qu'il existe déjà partout, et qu'on n'aura pas, en conséquence, à lutter, dans les campagnes, contre le mauvais vouloir des propriétaires à introduire un végétal étranger ou inconnu.

CULTURE ET TAILLE DU CHÊNE

Je n'ai point à entrer ici, pour le moment, du moins, dans les détails relatifs à la culture du chêne.

Cet arbre existe dans tous nos bois. Il s'y développe, il s'y reproduit naturellement sans aucune difficulté. Les divers terrains lui conviennent.

Tout le monde sait que lorsqu'on veut faire un semis de chênes, les glands, récoltés parmi les plus beaux, les plus sains et les plus mûrs, doivent être soumis à la stratification, c'est-à-dire à une opération qui consiste à les maintenir, pendant un certain temps, dans du sable humide, afin de hâter le développement du germe. On les sème ensuite dans de la terre franche, en ayant soin d'entretenir à la surface une certaine humidité.

Quant aux chênes déjà tout venus, dans nos bois et nos haies, ils ne réclament aucun traitement particulier, sous le rapport de la culture. Végétal essentiellement rustique, il s'accommode de toutes les situations, sans que l'homme soit obligé d'intervenir afin d'aider à sa prospérité.

Il se présente toutefois, dès à présent, une importante question pour l'avenir, c'est celle de la production de la feuille, soit qu'on veuille la cueillir et l'employer à des éducations sur claies (voy. p. 81-82), soit qu'on la fasse manger sur l'arbre. On s'en est peu préoccupé jusqu'à ce jour, parce que la production dépasse évidemment et dépassera longtemps encore la consommation ; mais, si l'on pouvait doubler, tripler la production de la feuille sur une même étendue de terrain, on doublerait, triplerait la récolte en cocons, tout en diminuant relativement les frais. Or, il est certain que le chêne, abandonné à lui-même, est en général peu aménagé pour produire une grande abondance de feuillage. Dans un taillis de six ans, bien fourni et de belle venue, nous avons constaté que la feuille récoltée à la main, sur 1 are, pesait 6 kilogrammes, ce qui ferait 600 kilogrammes ou 12 quintaux par hectare. C'est loin de la quantité produite par les mûriers du Midi, qui donnent, en moyenne, de 25 à 26 quintaux par hectare. On peut remarquer aussi que les arbres isolés, *têtards*, *émousses* ou *émondes*, suivant les noms donnés dans divers pays, sont loin de porter une aussi grande masse de feuilles que les mûriers de même taille. Tandis que le mûrier développe une sphère feuillée de 0^m,50 à 0^m,80 d'épaisseur, la sphère feuillée du chêne est tout au plus de 0^m,10 à 0^m,20. L'intérieur est complétement dépourvu de feuilles.

Il est vrai de dire que la feuille du mûrier, étant plus épaisse, plus aqueuse, pèse évidemment davantage, et que, si l'on greffait sur nos chênes communs du *Quercus dentata*, espèce introduite en France par les soins de la Société d'acclimatation et dont les larges feuilles servent, au Japon, à la nourriture du *Yama-maï*, la production végétale deviendrait plus considérable.

Mais ce n'est point là, selon nous, la principale cause de la différence considérable qui ressort entre les résultats fournis par les deux essences. Pour que le chêne produisît beaucoup de feuilles, il faudrait parvenir à le soumettre, comme le mûrier, à la taille périodique, en été, après la première séve. Le chêne alors pousserait, à la séve d'août, de longues baguettes ou rameaux qui passeraient l'hiver et le long desquels, au printemps, viendraient se développer, à l'aisselle des feuilles de l'année précédente, de gros bouquets de jeunes feuilles, dont la récolte serait aussi facile à la main et aussi fructueuse que celle du mûrier, si on ne devait pas la laisser manger sur l'arbre.

J'ai déjà commencé des études et des expériences sur un tel sujet qui, dès à présent, se lie intimement à l'avenir du *Yama-maï* : je les continuerai, afin d'arriver, s'il se peut, à un résultat avantageux, et pour savoir au moins ce qu'on peut attendre de la taille et de la greffe du chêne.

Comme le chêne reprend fort tardivement ses feuilles à la nouvelle saison, il peut devenir nécessaire, comme on le verra plus loin, d'en obtenir artificiellement avant l'époque de leur apparition dans la campagne.

Il faut, dans ce cas, préparer de jeunes plants de manière à leur faire émettre de nouvelles pousses au temps voulu. Le chêne se force difficilement. La température d'une serre, même assez chaude, ne suffit pas. Pour arriver sûrement à un bon résultat, on prend de jeunes chênes en pots et on les place sous un châssis, sur une couche de 0^m,60 à 0^m,80 de fumier frais. Les pots sont enfouis dans du tan, répandu sur le fumier, comme c'est la coutume pour les autres plantes, afin d'éviter que la chaleur de la couche ne brûle les racines. On arrose de temps en temps et l'on tient hermétiquement fermé.

Vingt jours suffisent pour faire développer les bourgeons. Il faut, dès lors, arroser plus fréquemment, mais moins abondamment, afin d'entretenir toujours une atmosphère humide dans le châssis ; puis donner de l'air et de la lumière pendant le jour, pour que les nouvelles feuilles prennent de la vie et ne soient pas brûlées par le soleil ou par la chaleur intérieure.

Si l'on a soin de placer successivement de nouveaux pieds de chênes sous le châssis, à quelques jours d'intervalle, on se trouvera pourvu de feuilles nouvelles, sans interruption, pendant un temps assez long avant l'apparition de celles des chênes de plein vent.

AMÉNAGEMENT DES PLANTS ET TAILLIS

Il n'est pas sans utilité, je crois, de dire quelques mots sur la manière de préparer une plantation de jeunes chênes ou d'aménager un taillis, en vue de la culture du *Yama-maï*.

Pour planter un espace de terrain, de telle sorte qu'il puisse recevoir promptement des éducations en plein air, on choisit des chênes de semis de trois ans, qu'on arrache avec soin en novembre, afin de les replanter sans retard. Les jeunes arbres ont ainsi le temps de jeter des racines pendant l'hiver et donnent d'assez belles pousses dès le printemps suivant.

On disposera les plantations par planches de 1^m,50 à 2 mètres de largeur, séparées entre elles par des sentiers de 0^m,75 à 1 mètre, pour l'aération et la surveillance. Les rangs et les pieds de chênes seront espacés de 0^m,25 à 0^m,50, afin que le taillis devienne plus promptement touffu. Si on les écartait trop, on serait forcé d'attendre plus longtemps, avant de pouvoir y placer des Vers. Mieux vaut donc avoir à éclaircir le jeune bois quand le besoin s'en fera sentir.

Le chêne pousse lentement. Les semis de trois ans sont rarement très-branchus. Aussi, même à un intervalle de 0^m,25, les rameaux se touchent à peine ; en sorte que, si, dans cet état, l'on y plaçait des Vers, il leur serait presque impossible de passer d'un plant à l'autre, ce qui pourrait présenter des inconvénients graves, lorsque la feuille viendrait à manquer sur un arbre. Pour prévenir tout danger, on pourra coucher les jeunes chênes d'un même rang, les uns sur les autres, en liant l'extrémité supérieure du premier au tronc du second, et ainsi de suite, afin de former une ligne non interrompue de feuillage, que les Vers puissent parcourir sans difficulté. Ainsi installée, la jeune plantation pourra recevoir des *Yama-maïs* dès la deuxième année. Ils n'y manqueront jamais de feuilles, si ce n'est à la fin de l'éducation, lorsqu'on en aura mis un trop grand nombre.

L'aménagement d'un taillis de chênes recépés se fait de la même manière. Après avoir purgé le bois des essences contraires ou inutiles, on trace les sentiers de surveillance, à 2 mètres environ les uns des autres, on comble les vides, avec des plants de trois ans, puis on incline les branches, on les lie les unes aux autres, en sorte que les Vers puissent passer d'une souche à l'autre et vivre sans manquer de feuille jusqu'au moment du coconnage.

Il est impossible, quant à présent, de connaître avec exactitude la quantité de feuilles nécessaire à l'alimentation d'un nombre déterminé de Vers, pendant toute la durée de leur vie de chenille. L'importance trop restreinte des éducations et surtout les divers modes d'élevage adoptés n'ont pas permis encore de peser la feuille isolée des branches, avant de la donner comme nourriture. Cependant, je crois pouvoir affirmer que le Ver du chêne a relativement moins d'appétit que le Ver du mûrier. Celui-ci, en effet, quoique beaucoup moins gros et d'une vie moins longue, ne cesse de dévorer de la feuille pendant ses deux derniers âges ; tandis que le *Yamamaï*, au contraire, se repose fréquemment et semble puiser dans l'air une certaine somme d'éléments nutritifs.

CARACTÈRES ENTOMOLOGIQUES

Le *Bombyx* (*Antheræa*) *Yama-maï* se comporte, à très-peu
de chose près, comme le Ver à soie du mûrier le plus commu-
nément cultivé en France ; c'est-à-dire qu'il passe l'hiver à
l'état d'œuf, que sa chenille naît au printemps, change quatre
fois de peau et file un cocon parfaitement fermé aux deux
bouts ; que le papillon sort en perçant ce cocon au moyen
d'une liqueur dissolvante qui désunit les fils ; qu'enfin les
papillons pondent des œufs qui passent l'hiver et n'éclosent
qu'au printemps suivant, pour recommencer la même série de
métamorphoses.

Le *B. Yama-maï* n'a donc qu'une seule génération par an.

Nous allons décrire, aussi bien que possible, les caractères
physiologiques de ce merveilleux insecte, sous les divers états
qu'il traverse pendant son existence annuelle.

ŒUF

L'œuf du *B. Yama-maï* (pl. Ire, fig. 1), est rond ou plutôt
sphéroïdal, c'est-à-dire un peu aplati convexe sur les deux

2

faces; son plus grand diamètre est de $0^m,003$ à $0^m,004$: il est plus ou moins épais suivant son degré d'incubation. Lorsqu'il est bien fécondé, il est évidemment convexe sur ses deux faces; non fécondé, il est plus ou moins aplati ou concave sur les deux faces ou sur une seule.

Sa couleur est ordinairement d'un brun foncé ; elle est due à la présence d'un enduit gommeux qui enveloppe l'œuf et contient une substance brune. Cet enduit a pour but principal de permettre à l'œuf de se fixer à la surface de l'objet sur lequel le papillon veut le déposer, sur les jeunes branches de chênes par exemple ; mais nous verrons plus loin qu'il est appelé à jouer un autre rôle, lors de l'éclosion. Si l'on enlève cette couche d'enduit par le lavage, l'œuf devient alors d'un blanc pur. Lorsque les œufs sont pondus depuis quelque temps et que la couche gommeuse est bien sèche, elle prend une couleur grise plus ou moins foncée. Ils peuvent donc être tout aussi bien fécondés que les bruns. Les blancs eux-mêmes, qui doivent leur couleur, ou plutôt leur défaut de couleur, à ce que, pondus les derniers, ils sont privés de la couche d'enduit qui les recouvre habituellement, sont également bien fécondés quand la ponte entière l'a été.

La coque en est parcheminée, et contient sans doute un élément calcaire, car elle est opaque et friable, quand elle est sèche, comme celle d'un œuf d'oiseau très-mince. La surface extérieure, examinée à la loupe, est finement ponctuée, ainsi que la surface interne, qui, de plus, est luisante. Cette ponctuation est due, sans doute, aux pores destinés à laisser filtrer l'air.

Une particularité de cette espèce, c'est que la petite chenille est toute formée dans l'œuf, un mois à peine après la ponte, et, par conséquent, bien longtemps avant l'hiver. Dès que la chenille est formée, l'œuf fécondé n'ayant plus de liquide dans son intérieur, n'est plus susceptible de se déprimer. Si on en extrait le petit Ver, la coque se dessèche, mais conserve sa convexité. Aussi aucun changement de couleur ou de forme ne vient-il annoncer ou faire pressentir le moment de l'éclosion.

Lorsque, après l'hiver, les conditions combinées de température et d'hygrométrie deviennent favorables, le jeune Ver ronge sa coque, en un point appelé micropyle, et faisant son premier repas de cette portion de coque, il pratique un trou circulaire de la grosseur de son corps, et par lequel il sort.

CHENILLE

Dès qu'il est éclos, le jeune Ver acquiert promptement, par son contact avec l'air, un volume supérieur à celui qu'il avait dans l'œuf. Il est, en général, assez vagabond, surtout lorsqu'il provient de graines importées directement du Japon ; il semble qu'il ait besoin d'un exercice soutenu pour favoriser sa respiration cutanée. Les tubercules, d'abord nuls ou peu prononcés, se soulèvent, se montrent en relief, et les poils qui les couronnent, d'abord couchés, appliqués et dirigés en avant, autour de la tète, en arrière sur le reste du corps, se relèvent et prennent des positions divergentes, de manière à entourer à peu près tout le corps. Le procédé qu'emploie le jeune Ver, pour provoquer et favoriser le redressement des poils, est assez curieux ; c'est le même, d'ailleurs, chez toutes les jeunes chenilles qui sont velues dès la naissance. Au milieu des pérégrinations qui suivent sa sortie de l'œuf, il s'arrête de temps en temps ; puis, redressant la moitié antérieure de son corps, il la rejette complétement en arrière sur sa partie postérieure, à tel point qu'au premier abord on croirait qu'il souffre, et, ainsi plié en deux, il roule, dos contre dos, les deux parties de son épiderme l'une sur l'autre. Par ce frottement, très-souvent renouvelé, il arrive en peu de temps à faire redresser tous les poils, tous les tubercules, qui étaient couchés sur sa peau. Il est obligé, d'ailleurs, de se hâter dans cette opération, car, s'il laissait sécher le liquide un peu visqueux qui le recouvre dans l'œuf, les poils resteraient collés à son épiderme et ne pourraient plus se relever.

La couleur de la robe, d'abord d'un jaune pâle ou jaunâtre, prend bientôt, sous l'influence de l'air et de la lumière, les tons divers qui caractérisent l'espèce ou le climat sous lequel la graine a été faite.

Je parle de l'influence du climat : c'est que, en effet, l'observation suivie que j'ai faite du Ver du chêne, depuis 1863, m'a démontré que, par la suite des générations obtenues en France de mes éducations successives, non-seulement les mœurs, mais encore la couleur des chenilles se modifient au point de les faire paraître de nouvelles variétés. Je me hâte de dire que ce ne sont que de simples variations sans importance pour la vie, l'éducation ou le produit de cette précieuse espèce.

La chenille du *Yama-maï* provenant d'œufs récoltés au Japon, a été décrite, à ses divers âges, ainsi que le premier papillon (femelle) obtenu en Europe, par M. Guérin-Méneville, qui l'a publiée dans sa *Revue et Magasin de zoologie* (année 1861). Je vais néanmoins donner une description abrégée de ces mêmes Vers et des variations qui les éloignent peu à peu du type primitif, par la suite des générations en France. J'ai été à même de faire cette comparaison, de constater ces variations en étudiant ces intéressants insectes à chaque phase de leur existence, soit sur les sujets provenant des graines du Japon qui m'ont été remises en 1863 ou depuis lors, soit sur ceux issus des graines que j'ai faites moi-même depuis l'introduction de l'espèce.

Premier âge. — A la sortie de l'œuf, le jeune Ver, mesuré pendant la marche, a déjà 0^m,008 ou 0^m,010 de longueur (pl. Ire. fig. 2). Sa tête a un diamètre un peu plus grand que le reste du corps, qui va en diminuant insensiblement jusqu'à l'extrémité postérieure. Dans les individus provenant de graines directement importées du Japon, cette tête est d'un roux brun concolore, ainsi que le premier segment thoracique et les pattes écailleuses. Le reste du corps est d'un jaune doré. Tous les anneaux qui composent la chenille, du deuxième au onzième, sont parcourus longitudinalement par sept lignes noires ou d'un brun foncé, qui passent à la base des tubercules, et le douzième segment présente trois taches noires ou brunes, une médiane supérieure et deux latérales.

Ces segments portent, chacun, des tubercules saillants, dont le nombre est de six pour les anneaux intermédiaires, et qui sont placés symétriquement les uns devant les autres, de manière à former des lignes longitudinales. Ils sont habituellement jaunes, sauf ceux des lignes les plus voisines des pattes, qui sont noirs. Tous ces tubercules sont surmontés de poils ou cils plus ou moins noirâtres.

Chez les Vers qui proviennent d'éducations faites depuis plusieurs années déjà en France, ceux, par exemple, qui sont nés de ma graine française (ce sont ceux dont je parlerai dans toute cette description, pour les comparer à ceux d'origine japonaise), la tête est d'un brun très-pâle, presque verdâtre ; le premier segment thoracique (ou col) et les pattes écailleuses ne présentent que des taches ou macules noires ou d'un brun très-foncé. Le reste du corps est d'un jaune pâle et non d'un jaune doré ; il devient verdâtre, au bout d'un ou deux jours, sans doute à cause de la transparence de la peau qui laisse apercevoir la couleur des aliments dans le corps. En revanche, les cils et poils sont plus noirs ; de sorte qu'au premier coup d'œil, il est facile de reconnaître les Vers des deux provenances.

Dans les éducations normales, c'est-à-dire celles commencées au mois d'avril, sous un climat doux et à l'air libre, la chenille, durant ce premier âge, mange pendant huit à dix jours et devient à peu près le double de sa grosseur primitive ; après quoi, elle cesse de manger et tombe dans un engourdissement léthargique ou sommeil, dont elle ne sort que pour changer de peau.

A l'approche de la mue, le Ver fixe à une branche ou à une nervure de feuille, avec un peu de bave soyeuse, sa dernière paire de pattes, les pattes anales, et cramponnant fortement ses autres pattes membraneuses, il rentre pour ainsi dire sa tête dans son cou, la rejette un peu en arrière et demeure immobile. C'est, du reste, la pose qu'il prend habituellement, lorsqu'il est au repos ; mais, quand il est sur le point de muer, sa nouvelle tête repousse peu à peu en avant l'ancienne, ou plutôt l'ancien moule qui se vide insensiblement et ne recouvre ordinairement que les mandibules et la bouche ; cette nouvelle tête produit en avant, par la tension de la vieille peau, entre la nuque de l'ancienne tête et le premier anneau du corps, une sorte de triangle qui, d'abord très-obtus et à peine visible, devient de plus en plus aigu et plus accentué, à mesure que se prolonge le sommeil. C'est par là que la nouvelle tête, brisant le vieil épiderme, se montre au jour, et que le Ver, s'aidant de ses pattes et avec beaucoup d'efforts, sort anneau par anneau, en refoulant cette ancienne peau vers l'extrémité postérieure.

La durée du sommeil est plus ou moins longue suivant les âges ; celui du premier âge est d'environ quarante-huit à soixante heures, selon la température.

Deuxième âge. — Après cette première mue, ce premier changement de peau, comme après les suivants, la chenille demeure quelque temps au repos (de huit à douze heures), sans manger, pour laisser raffermir les tissus et les organes. Elle a environ 0^m,014 de longueur. Dans les individus japonais, elle est d'un vert clair, avec une ligne longitudinale jaunâtre, au-dessus des stigmates, de chaque côté du corps. Tous les tubercules sont jaunes. Les pattes écailleuses, le bord des pattes membraneuses et les taches du douzième segment sont d'un roux brun, tandis que la tête reste d'un roux plus ou moins foncé, presque couleur de brique.

Dans les individus provenant de graines françaises, les taches brunes sont plus foncées, presque noires ; la ligne jaunâtre qui longe le corps au-dessus des stigmates est moins accentuée ; la couleur verte de la chenille est un peu plus foncée, surtout à mesure qu'elle s'avance vers la deuxième mue.

Dans les deux, les tubercules latéraux inférieurs commencent à prendre une teinte bleue.

Cet âge dure environ douze jours : neuf jours d'alimentation et trois jours de sommeil.

Troisième âge. — Le Ver a environ $0^{m},055$ de longueur ; les japonais ont les pattes écailleuses et le bord des pattes membraneuses d'un roux foncé ; la tête est rousse, teintée de vert au milieu du front ; la robe entière est d'un vert clair, avec une ligne longitudinale jaune, de chaque côté du corps. Les tubercules sont jaunes, sauf ceux de chaque rang latéral inférieur, qui sont d'un beau bleu. — Dans les indigènes, c'est à-dire ceux d'origine française, la tête, ainsi que la peau du corps, est entièrement d'un beau vert ; la bande latérale est très-étroite, d'un jaune très-pâle, et fondue en partie dans la nuance verte : les tubercules sont d'un jaune verdâtre ; ceux du rang inférieur, d'un bleu un peu noyé dans le vert de la peau. — Enfin toute la chenille a l'apparence verte ; et les autres couleurs sont plus restreintes, plus dissimulées, plus fondues dans le ton général.

Dans les Vers des deux provenances, chaque segment du corps ayant ses tubercules symétriquement placés, paraît hexagonal ; surtout les deuxième, troisième et quatrième segments, qui semblent renflés, comme bossus en avant ou sur le dos, mais qui conservent leur forme particulière, en sorte que la chenille, vue de front, a un aspect prismatique. Cette particularité se conserve, en devenant plus accentuée, dans la suite des âges.

Le Ver, après s'être nourri environ 10 à 11 jours, s'endort pour ne se réveiller qu'à peu près soixante ou soixante-douze heures plus tard.

Quatrième âge. — Après son réveil, la chenille n'a guère plus de 0ᵐ,045 ; mais elle triple de volume dans cet âge (pl. Iʳᵉ, fig. 5). Elle est d'un beau vert et transparente dans les parties où la lumière du jour ne traverse pas les intestins ; c'est encore à cette transparence qu'est dû le fréquent changement de ton des chenilles, qui sont d'un vert clair quand elles n'ont pas mangé depuis longtemps, et d'un vert plus ou moins sombre suivant l'intensité de couleur ou l'abondance de la nourriture qu'elles ont prise. Des Vers, que j'avais nourris depuis leur naissance sur des feuilles de cognassier, étaient d'un beau vert blanchâtre.

La peau devient extrêmement poreuse, et se gonfle beaucoup. Aussi les tubercules ont-ils presque disparu.

Dans les japonais, les segments, à partir du quatrième jusqu'au onzième, sont parcourus par une bande étroite jaunâtre, allant se confondre avec une grande tache brune triangulaire, qui sépare, de chaque côté, les trois segments de l'anneau anal. La tête et le bord des pattes membraneuses sont encore d'un brun roussâtre lavé de vert, et, de chaque côté, sur le cinquième segment et souvent sur le sixième, au-dessus des stigmates, on observe une belle tache de couleur argentée et d'un reflet métallique.

Dans les individus français ou indigènes, la bande latérale est blanchâtre, quelquefois interrompue, peu indiquée à la naissance antérieure de chaque anneau et se fondant en vert du côté postérieur ; la tête est complétement verte comme le reste du corps. Les points métalliques n'existent pas ou sont peu nombreux. Les tubercules latéraux sont d'un bleu foncé, et des taches de même couleur, fondues de vert sombre, se montrent souvent par la naissance des pattes membraneuses.

Cet âge, du troisième réveil au quatrième, dure environ dix-sept jours, dont quatre pour le quatrième sommeil.

Cinquième âge. — Après la quatrième mue, qui est la plus pénible, la plus douloureuse, la chenille demeure très-longtemps sans manger et même sans marcher, souvent de douze à vingt heures. Sous l'action de l'air et des aliments, sa peau, d'abord plus pâle, plus blanchâtre, prend les mêmes teintes que celles de l'âge précédent, avec les mêmes variations, les mêmes différences que j'ai indiquées entre les individus provenant de graines japonaises et de graines françaises. Le Ver grossit rapidement ; il devient énorme et atteint jusqu'à 0^m,090 et 0^m,095 de longueur, avec une grosseur proportionnée (pl. Ire, fig. 4). Les tubercules ont disparu sous la turgescence de la peau, qui s'est épaissie et qui semble beaucoup prendre à l'air par ses nombreux pores. Les points métalliques, qui, dans les japonais, se font remarquer de chaque côté du corps au nombre de trois, quatre et jusqu'à sept (un sur chaque segment, à partir du cinquième), sont souvent nuls ou rudimentaires dans les individus d'origine française.

La chenille, après avoir considérablement mangé pendant seize à dix-huit jours (suivant la température), devient transparente, d'un vert pâle et presque jaunâtre, à mesure qu'approche le moment où elle doit filer. Elle se montre vagabonde, cherchant un endroit propice pour y attacher son cocon ; puis enfin, quand elle a fait son choix, elle se vide en rendant une grosse goutte d'un liquide transparent, et, pliant en long une large feuille ou en réunissant deux ou trois, pour se garantir du jour, elle les tapisse d'un réseau de bave ou soie grossière, les attache à la branche avec un cordon court, aplati, formé de quelques brins, et elle se met à filer sans repos.

COCON — CHRYSALIDE

Le cocon du *B. Yama-maï* est celui qui se rapproche le plus du cocon des Vers à soie du mûrier ; souvent même il en a toute l'apparence. Comme son rival, il est de forme oblongue allongée, complétement fermé aux deux bouts et d'une belle couleur jaune verdâtre ou d'un jaune doré. Il est sensiblement plus gros que celui du Ver ordinaire : sa longueur est d'environ $0^m,045$, à $0^m,055$; son épaisseur ou son diamètre en largeur, de $0^m,023$, à $0^m,027$. Les plus volumineux sont ordinairement des femelles ; cependant j'ai eu de très-beaux cocons qui m'ont donné d'énormes mâles.

Le Ver commence à tisser tout autour de lui un réseau transparent, à travers les mailles duquel on le voit travailler, et qui devient opaque en s'épaississant, à mesure que de nouvelles couches de fils sont ajoutées aux premières.

Le fil, presque toujours continu, est de 800 à 1,000 mètres de longueur. Dans les couches extérieures, il fait à peu près uniformément le tour du cocon ; mais, dans les internes, il forme des circuits plus ou moins nombreux à un bout, avant de passer à l'autre extrémité, où la même disposition se reproduit. Ce mode de tissage a pour but, sans doute, d'accélérer le travail en dérangeant moins le Ver, et de faciliter la sortie du papillon, en permettant aux fils qu'il désagrége, lors de son éclosion, de se développer en longueur, de se distendre, pour ne pas entraver le passage du corps de l'insecte.

D'un vert plus ou moins foncé ou d'un beau jaune verdâtre dans les couches extérieures, ce fil passe au blanc d'argent dans les couches internes. Il devient aussi plus fin et plus brillant.

De même que chez toutes les chenilles qui filent, ce brin est composé d'un double fil, en raison des deux orifices que présente la filière ; mais une particularité qui donne de grandes qualités à la soie du *Yama-maï*, c'est que, comme dans le cocon du mûrier, elle est enduite d'une matière gommeuse, qui ne se dissout pas complétement dans le bain d'eau bouillante où on plonge le cocon pour le dévider, en sorte que les deux fils du brin, et même plusieurs brins ensemble s'agglutinent naturellement par le dévidage et semblent ne constituer qu'un seul fil. — Le cocon, d'ailleurs, est lui-même empâté d'une gomme assez épaisse, mais qui se ramollit très-bien dans l'eau bouillante. Cette gomme semble contenir un élément calcaire, car, lorsque le cocon est sec, on en voit sortir, si on le déchire ou le gratte, une poussière blanche, souvent très-distincte à sa surface.

Cette enveloppe soyeuse, qui a plus ou moins d'épaisseur et conséquemment de valeur, suivant que le Ver a filé davantage, est le résultat industriel de la culture de tout Ver à soie ; mais il faut songer aussi à la conservation et à la propagation de l'espèce, et l'état de la chenille à l'intérieur, les dernières phases de son existence, doivent puissamment préoccuper l'éleveur.

Le Ver file pendant quatre à cinq jours, en se rapetissant peu à peu dans les limites de son étroite prison, puis il demeure immobile cinq à six jours, pendant lesquels s'opère en lui un nouveau travail de transformation, après quoi la chenille se trouve métamorphosée en chrysalide.

La nymphe ou chrysalide est l'état que traverse tout insecte lépidoptère entre celui de larve ou chenille et celui d'insecte parfait ou papillon. — La chrysalide ne prend aucune nourriture ; elle demeure plongée dans un sommeil dont elle ne sort que par suite du travail lent (sorte d'incubation) qui la change en brillant papillon.

La chrysalide du *B. Yama-maï*, quand elle vient de se dépouiller de sa peau de chenille, est molle et de couleur blanchâtre ; elle prend peu à peu, en séchant et par le contact de l'air qui filtre au travers du cocon, une consistance de plus en plus ferme et une teinte roussâtre, passant au bistre, puis au noir, coloration qu'elle a entièrement revêtue deux ou trois jours après sa transformation. Il faut donc bien se garder de remuer les cocons, si ce n'est avec les plus grandes précautions, avant quinze ou dix-huit jours, à partir du moment où ils ont été commencés, de peur d'arrêter le travail de métamorphose ou de blesser la chrysalide encore insuffisamment raffermie.

Cette chrysalide, étant le moule d'où le papillon doit sortir, se rapproche naturellement, par sa forme, plus du corps de l'insecte parfait que de celui de la chenille. Elle se compose, en effet, d'un premier segment épais et plus ou moins long, qui comprend la tête et le corselet du papillon. On distingue même, sous le relief de la peau de cette nymphe, les places où seront les yeux, les pattes et les ailes encore très-courtes de l'insecte parfait ; à la suite de ce premier segment, viennent six autres anneaux de plus en plus petits (diminuant brusquement de diamètre), qui correspondent à l'abdomen du papillon. Le cocon étant toujours filé dans une position verticale, suivant son plus grand diamètre, la chrysalide se trouve toujours verticalement placée, la tête en haut. Elle porte, à sa partie antérieure, un réservoir plein d'une liqueur particulière destinée à dissoudre la gomme du cocon, à en ramollir les fils et à humecter le corps du papillon, pour lui permettre de se frayer un passage au travers de sa prison. Le savant entomologiste, M. Guérin-Méneville, qui a depuis longtemps observé et signalé, dans ses publications, la présence de ce réservoir chez toutes les espèces à cocons fermés (*Bombyx Mori, Mylitta, Pernyi*, etc.), et son absence dans celles qui se ménagent une ouverture naturelle en repliant la soie sur elle-même (*B. Cecropia, Pyri, Cynthia, Arrindia*, etc.), en avait aussi fait mention pour le *Yama-maï*, dans sa description du type de l'espèce. Nous l'avions aussi reconnu nous-même depuis longtemps et nous l'avons constatée de nouveau à notre première éducation du précieux Bombyx.

PAPILLON (INSECTE PARFAIT,

Environ trente-neuf ou quarante jours après que le cocon a été commencé par la chenille, quelquefois plus tôt ou plus tard, suivant la température, on en voit sortir un magnifique papillon.

Ce grand lépidoptère, qui mesure environ de $0^m,15$, à $0^m,18$ d'envergure, naît habituellement de cinq à huit heures du soir, pour être prêt à prendre son essor dès l'arrivée de la nuit. A sa sortie du cocon, ses ailes sont encore rudimentaires ; mais il marche rapidement, jusqu'à ce qu'il ait rencontré un endroit où il puisse demeurer baigné dans l'air ; si le cocon a été suspendu, le papillon y reste volontiers accroché. Il s'y tient en repos, et peu à peu, sous l'influence de l'air, se produit dans ses ailes une sorte de végétation mystérieuse, par suite de laquelle les trachées des membranes s'allongent et les ailes pendent molles et étendues, jusqu'à ce qu'elles aient pris, au bout de deux à trois heures, une consistance qui permette au papillon de s'envoler.

Lorsqu'il s'est complétement développé, le *Yama-maï*, dans la position du repos, applique ses quatre ailes non en toit, mais à plat, ce qui est un des caractères de sa tribu. Pour mieux me faire comprendre, sa pose est celle de la plupart des phalènes et de notre B. grand paon.

C'est, ainsi que nous l'avons dit, M. Guérin-Méneville qui a obtenu, en 1861, chez M. Annéc, à Passy, le premier papillon de l'espèce (une femelle), éclos en Europe. Il a donné de cette femelle, dans sa *Revue et Magasin de zoologie*, une description exacte et minutieuse ; mais comme ce beau lépidoptère offre des variations de teintes assez nombreuses, tout en conservant les dessins généraux de la livrée, je me bornerai à une description sommaire, renvoyant aux figures que je publie à l'appui de cet ouvrage[1].

Le mâle se reconnaît immédiatement à ses antennes très-largement plumeuses (pl. II). La coupe des ailes supérieures est assez étroitement allongée aiguë, à pointe très-prononcée et infléchie. Il semble que cette disposition, remarquable chez la plupart des gros lépidoptères à **vol rapide**, ait pour but de donner, par un plus grand développement de **la côte en longueur**, une énergie plus grande au vol de l'insecte.

L'abdomen est mince et court.

Le corps et les ailes sont, en dessus, d'un jaune brillant, ou plus ou moins grises, fauves ou brunes; la côte, très-large, est toujours d'un gris moucheté de blanc. Quelques stries angulaires et transversales plus foncées, balafrent les ailes au quart antérieur environ de leur longueur. — A peu près au milieu de chacune des quatre ailes, se trouve une tache ou œil, de forme subtriangulaire, à angles arrondis, et dont la partie vitrée, produite par l'absence d'écailles sur la membrane, est bordée extérieurement de plusieurs lignes concentriques et semi-circulaires de couleurs jaune, brune, violacée et noire. L'œil, dans son ensemble, mesure environ de 0^m,006 à 0^m,009 de diamètre. Il est un peu plus grand sur les ailes inférieures que sur les supérieures. Enfin, entre cette tache et le bord externe, une étroite bande (ou strie) blanchâtre et bordée de gris noir et de lilas rose mélangés, parcourt transversalement les quatre ailes. Sur les supérieures, cette bande part à peu près de la pointe extrême de l'aile, pour venir aboutir au bord interne, à peu près au quart de sa longueur; sur les inférieures, il suit les ondulations du bord externe, au quart environ de sa hauteur.

Le dessous des ailes est jaunâtre, gris clair ou brun plus ou moins foncé (suivant les variétés), un peu lavé de deux ou trois

---

[1] J'ai figuré, pour le mâle, la variation jaune, et, pour les femelles, la variation brune, parce que j'ai constaté, sur les très-nombreux individus que j'ai élevés et obtenus depuis 1865, que c'étaient celles qui semblaient dominer dans chaque sexe.

bandes plus foncées, et de macules d'un gris noirâtre ; l'œil s'y reproduit vaguement, mais la partie vitrée en est très-visible.

Les yeux, ombragés par les antennes, sont d'un vert glauque et jettent, lorsqu'on les regarde au jour, des rayons irisés qui leur donnent une singulière expression.

Les pattes sont courtes et couvertes de longs poils semblables à ceux du corps, qui sont, comme les ailes, d'un jaune orangé, fauves ou bruns. Les tarses sont d'un brun noir, ainsi que les deux crochets assez courts qui les terminent.

La femelle a les antennes seulement pectinées, à barbes courtes, et non plumeuses (pl. III). Les ailes sont ordinairement plus grandes que chez le mâle ; la coupe des supérieures est moins échancrée à son bord externe, près de la pointe extrême : les inférieures sont aussi plus larges, et cela devait être, pour donner à la femelle, qui porte les œufs et a conséquemment le corps plus gros et plus long, la faculté de prendre plus d'air et de mieux se soutenir en volant.

Quant à la livrée des ailes, les lunules ou taches et les bandes ou stries sont les mêmes que chez le mâle, et le fond de la teinte générale est d'un brun fauve, gris plus ou moins foncé, ou d'un jaune brillant. Le dessous en est gris, plus ou moins terne, avec des macules noirâtres et violacées. La partie vitreuse des lunules y est très-marquée.

Il est inutile, il serait assez difficile, d'ailleurs, de donner à manger aux papillons. Dans la nature, ils se nourrissent en aspirant, avec leur trompe, les sucs produits par la secrétion, dans les fleurs, sur les feuilles ou sur d'autres parties des végétaux. Ceux de l'espèce qui nous occupe s'accouplent, en général, dans la première ou la deuxième nuit de leur naissance (Voy. ÉDUCATION EXPÉRIMENTALE, § *Papillons*, — *Grainage*, tout ce qui a trait à l'accouplement et à la ponte); puis les femelles déposent leurs œufs, qui présentent les mêmes caractères que ceux indiqués plus haut et sont destinés à recommencer, l'année suivante, une génération nouvelle.

ÉDUCATION — ACCLIMATATION

Dans le chapitre qui précède, j'ai cru devoir faire connaître succinctement le *B. Yama-maï* sous les divers états qu'il traverse; je vais maintenant décrire les méthodes à suivre, les soins et les précautions à prendre pour conduire cet intéressant insecte, à travers toutes les phases de sa vie, jusqu'au terme de l'éducation, et pour en assurer le succès.

Mes études incessantes, mes expériences multiples et variées, les beaux résultats que j'ai obtenus, m'ont mis à même de faire bien des observations utiles, d'heureuses découvertes sur un Ver dont les mœurs nous étaient complétement inconnues, et me permettent aujourd'hui d'indiquer, en connaissance de cause, les procédés les plus favorables soit à une éducation expérimentale, soit à une grande éducation industrielle.

A cette partie essentielle du présent chapitre, j'ajouterai quelques considérations relatives aux inconvénients que peuvent présenter les divers modes d'élevage.

ÉDUCATION EXPÉRIMENTALE

Conservation des œufs. — Les œufs, pondus en août, renferment, à peine un mois après, ainsi que nous l'avons dit, la jeune chenille toute formée à l'intérieur. Lorsqu'on a seulement un ou quelques grammes d'œufs, il suffit de les conserver dans une petite boîte de bois mince, ou mieux de carton, percée dessus et dessous de nombreux petits trous destinés à laisser facilement passer l'air.

Afin d'éviter toute cause de fermentation, on ne doit point les laisser les uns sur les autres en grand nombre; il faut les tenir en couche très-mince d'un demi-centimètre au plus, et avoir soin de les remuer légèrement dans la boîte, tous les huit ou dix jours, pour aérer chaque graine.

Les chaleurs, quelles qu'elles soient, qui ont lieu avant l'hiver ne semblent pas influer sur l'état latent des chenilles à cette époque; car, en 1863, à Privas (Ardèche), j'ai pu laisser mes œufs pendant tout le mois d'août et celui de septembre, dans une chambre exposée au midi, où la température s'élevait dans le jour de 26 à 30° centigrades, sans qu'ils en aient aucunement souffert. Je comptais, avec raison, sur la loi de la nature, qui, ne leur ayant dévolu qu'une seule génération par an, devait naturellement les protéger contre des éclosions intempestives. Je dois dire, toutefois, qu'en hiver, ayant examiné mes graines, je trouvai parmi elles deux coques vides. Je ne puis attribuer ce fait anormal qu'à deux éclosions exceptionnelles, forcées en août et septembre 1863; mais, n'ayant pu retrouver les corps des petites chenilles mortes, je ne saurais l'affirmer avec une complète certitude. Ce serait cependant une expérience à renouveler, fort importante au point de vue scientifique pour l'histoire de l'espèce. Il serait intéressant de savoir si, en Algérie, par exemple, où l'éducation est plus précoce et marche plus vite, la graine obtenue un mois plus tôt aurait la faculté de donner en partie une seconde génération dans l'année; je dis *en partie*, car il est certain que, par suite de cette loi d'intermittence, assez fréquente chez les lépidoptères, les œufs n'écloraient pas tous.

D'un autre côté, ces œufs ne paraissent pas craindre les froids rigoureux ; car S. Exc. M. le maréchal Vaillant a observé que les graines qu'il avait laissées pendant tout l'hiver sur une fenêtre au nord, exposées aux variations et aux rigueurs de la saison, ont parfaitement éclos au printemps.

Je crois cependant qu'il vaut mieux, pour éviter tout accident, déposer, aussitôt après la récolte, les boîtes qui les renferment dans une chambre au nord, aérée, parfaitement sèche, sans feu, mais où il ne gèle pas. Puis, pour éviter les grands abaissements de température, on les transporte, pendant la nuit, dans une chambre habitée.

Enfin les soins consistent, jusque vers la fin du mois de février, à les remuer de temps en temps pour les aérer, et à les soustraire à une température inférieure à 0 ou supérieure à 10° centigrades.

J'ai remarqué deux ans de suite, après l'éclosion achevée, que certaines chenilles n'avaient pu sortir, parce que la partie de l'œuf qu'elles devaient ronger (toujours la partie supérieure quand l'œuf est dans la position qu'il a reçue naturellement par la ponte) était collée à la partie inférieure d'un autre œuf; ce qui avait empêché la sortie de la chenille, dont on apercevait quelquefois la tête, et l'avait fait mourir. Pour faciliter les éclosions du *Yama-maï*, il faudra donc séparer, autant que possible, tous les œufs les uns des autres, et désagréger les grumeaux ou paquets qu'ils forment. Dans ce but, on peut humecter les œufs un mois environ après la ponte, et, lorsque la gomme qui les unit a été bien ramollie, on les froisse légèrement avec la main sur une surface polie, ce qui les sépare suffisamment.

Maintenant que mes grainages sont abondants, je préfère les laisser hiverner sur les châssis de ponte, afin de conserver aux œufs une aération plus complète et une position plus naturelle. J'ai soin de placer ces châssis dans les mêmes milieux, afin que les Vers, dans leur coque, soient influencés semblablement par

les variations atmosphériques et naissent à peu près simultanément lors de l'éclosion. Je ne les récolte et les mets en
boîte aérée qu'à la fin de janvier.

Après leur hivernage, les jeunes chenilles deviennent très-
impressionnables aux influences de l'air extérieur. Aussi
est-il nécessaire de surveiller avec un thermomètre l'état de
la température. Sitôt que l'instrument marque 8 ou 10°,
on doit transporter les œufs dans un milieu plus froid,
dans un cellier, par exemple, ou à l'entrée d'une cave; mais
il faut avoir bien soin que ce local soit sec et peu accessible
aux fluctuations de la température extérieure. Il faut aussi
les remuer un peu plus souvent et les préserver des attaques
des souris, qui en sont extrêmement friandes. Dans ce dernier
but, on peut enfermer les boîtes de carton qui les contiennent
dans une autre boîte hermétiquement close et construite en
toile métallique, en treillis serré de fil de fer, ou en fer-blanc
percé de nombreux trous. Il serait très-imprudent de les placer
dans un vase de terre ou de porcelaine : l'asphyxie tuerait
promptement, avant l'éclosion, les petites chenilles ou les
ferait entrer en fermentation.

Toutes les précautions ayant pour but de maintenir les
graines dans les limites de température que je viens d'indiquer sont indispensables pour celles de provenance japonaise, qui peuvent avoir été déjà émues par le voyage sous
des latitudes très-élevées, et qui sont habituées au Japon à
éclore de bonne heure ; mais, j'ai constaté que, par l'acclimatation et les générations successives en France, cette
espèce tend à prendre peu à peu, pour ainsi dire, un tempé-
rament en harmonie avec le nouveau climat sous lequel
elle est élevée. En effet, je n'ai eu besoin que de très-légères
précautions pour préserver mes graines indigènes, en 1864
et 1865, de toute éclosion prématurée, avant l'apparition des
feuilles de chênes, et en 1866 et 1867, les Vers provenant de
ma graine ne sont nés qu'au moment où les bourgeons des

chênes se développaient. Je crois qu'avant peu, dans l'avenir, les œufs français de *Yama-maï*, laissés à la température naturelle, n'écloront qu'à la reprise de la végétation dans l'arbre qui doit les nourrir, comme s'il fallait une même somme de chaleur pour ramener le premier mouvement de la vie extérieure dans le végétal et dans l'insecte.

Il est bon cependant d'être encore circonspect à cet égard et d'user de quelques précautions, car les conséquences d'un manque de soin pourraient être fort préjudiciables.

Éclosion. — Le chêne ne se développe par sur tous les points de la France à la même époque. Ainsi, en général, les premières feuilles paraissent dans les Bouches-du-Rhône, le Gard et tout le littoral de la Méditerranée, vers la fin de mars ou dans les premiers jours d'avril.

Dans la Mayenne, à Laval, et dans la plus grande partie de la Bretagne, où l'hiver est très-humide et le printemps fort doux, le chêne commence à végéter, dans les premiers jours d'avril, du 5 au 15 ; il en est de même dans le centre de la France, suivant l'humidité, l'exposition et l'altitude du sol ; tandis que sur les coteaux qui bordent la vallée du Rhône, et notamment à Privas (Ardèche), la sécheresse du sol calcaire et l'altitude du pays ne permettent le développement des premiers bourgeons que du 10 au 25 avril. — A Paris, habituellement, on ne voit point de feuilles de chêne, dans la campagne, avant la fin du même mois ou le commencement de mai.

Il est donc prudent, lorsqu'on possède des graines de provenance japonaise, de préparer des chênes forcés, afin d'avoir, à partir de la fin de mars, des feuilles jeunes à donner aux Vers en cas d'éclosions prématurées. (Voy. p. 13.)

Mais, ainsi que je l'ai dit, les œufs pondus en France se retardent plus facilement et attendent volontiers l'époque du développement des chênes dans les campagnes.

Lorsque approche le moment où l'on aura suffisamment de

feuilles à sa disposition (c'est-à-dire, quand apparaissent les premiers bourgeons sur les chênes sauvages), ou bien lorsque, malgré les précautions, on trouve le matin, pendant deux ou trois jours de suite, quelques Vers éclos, il ne faut pas retarder davantage l'éclosion générale. On transporte alors les œufs dans une chambre située au midi, mais progressivement et en les laissant séjourner, pendant deux ou trois jours, dans des milieux à températures intermédiaires entre celle de la cave et celle de la chambre à éclosions, de manière à éviter les brusques changements de température qui pourraient nuire à la bonne constitution des Vers.

Les chenilles éclosent en général le matin, entre six et neuf heures ; très-rarement après.

Si la température du local est de 15 ou 16° centigrades, au moins, pendant la journée, on aura des éclosions après deux ou trois jours.

Dès lors, il faut tout préparer pour faciliter l'éclosion générale et recevoir les jeunes chenilles.

Si on ne possède que quelques œufs ou un gramme au plus, et si, n'ayant pas de chênes en pots déjà feuillés, on doit employer des branches coupées, on disposera un bouquet de jeunes rameaux, aussi développés que possible dans un flacon rempli d'eau, et l'on placera au milieu des jeunes feuilles une sorte de petite soucoupe en papier ou en carton, ou bien simplement un couvercle de très-petite boîte ronde en carton dans lequel se trouveront les œufs. Les Vers, en naissant, se porteront d'eux-mêmes sur la nourriture, sans qu'on ait besoin de les toucher, ce qui pourrait leur être fort nuisible. On aura soin de placer tous les soirs les œufs dans un nouveau bouquet de feuilles, afin de mettre un aliment toujours frais à la portée des jeunes Vers qui naîtront le lendemain.

Si on a plus d'un gramme de graine, cette méthode est assez difficile à employer, parce qu'on risque de renverser les œufs n les touchant. On peut alors les installer en une couche *très-mince*, dans un couvercle de boîte ronde, à bord peu élevé, dont on perce le centre ; et l'on passe dans le trou, jusqu'à leurs bifurcations, deux ou trois petites branches de chêne munies de bourgeons développés et plongeant, sous la boîte ou couvercle, dans un petit vase plein d'eau. Les Vers ainsi rencontrent, à leur naissance, en marchant autour de la boîte, les angles des feuilles ou les rameaux, et ils montent immédiatement sur la verdure. Le soir on remplace le bouquet de feuilles.

M. le maréchal Vaillant a imaginé un moyen très-ingénieux de recueillir les jeunes Vers au moment de leur éclosion, sans avoir à les prendre avec la main.

« Je mets, » dit Son Excellence, dans le compte rendu de son éducation de 1865 qu'elle a bien voulu me communiquer, « les branches par petits paquets, les bouts dans un morceau « d'éponge humide, enveloppée avec du papier maintenu par « de la ficelle ; cela permet de donner aux branches une posi- « tion horizontale qui les amène à toucher les œufs et à re- « cueillir naturellement les petits Vers. »

Dans cette méthode, peut-être pourrait-on remplacer avec avantage le morceau d'éponge humide par un morceau de pomme de terre crue, dans laquelle on piquerait les branches de chêne, ainsi que je l'ai essayé avec succès au printemps de 1864, lorsque j'ai voulu faire voyager de jeunes Vers par la poste. Les branches conservent ainsi leur fraîcheur pendant quarante-huit heures, pourvu qu'on les pique dans le tubercule immédiatement après les avoir détachées de l'arbre.

Si on a des chênes en pots dont les feuilles soient à l'âge voulu, c'est-à-dire déjà développées, mais encore assez tendres, on transporte ces chênes dans la chambre d'éclosion, et on peut abaisser l'extrémité d'un ou plusieurs rameaux du jeune arbre vers la boîte ou sur les œufs, en liant ces branches quelque part, de manière que les feuilles touchent toujours aux graines. On remplace la branche ou l'arbre, lorsqu'un nombre suffisant de Vers est monté sur le bouquet qu'on avait mis en communication avec eux.

Il est mieux encore de suspendre, à l'extrémité de quelques branches (ou à l'extrémité supérieure de petits faisceaux de branches, si elles n'ont pas par elles-mêmes assez de bourgeons feuillés), de petites soucoupes en bois ou en carton, dans lesquelles on met plus ou moins d'œufs, suivant la quantité de feuilles dont les Vers pourront disposer. Ces petits récipients devront être suspendus par quatre petites ficelles très-courtes et dépourvues, autant que possible, des poils de chanvre qui pourraient gêner les jeunes chenilles lorsqu'elles auront à les parcourir pour monter sur les feuilles. Les Vers seront éga·lement bien aidés, si ces godets se trouvent, par quelque point de leur pourtour, en contact avec des branches ou des feuilles. — Dans ce mode d'éclosion, on doit faire une grande attention à ne pas placer, sur un même arbre, plus de Vers qu'il n'en faut pour manger les feuilles dans le temps pendant lequel on veut les y laisser. Si on en mettait trop, les Vers auraient bientôt dévoré les feuilles, et l'on serait obligé de les changer d'arbre, opération qui, à cet âge et sur chêne vivant, devient assez difficile et même dangereuse, parce que les jeunes Vers, dès qu'ils manquent de nourriture, se montrent fort vagabonds, courent le long des branches et du tronc de l'arbre, et sont alors aussi faciles à blesser que difficiles à recueillir. Mieux vaut donc en mettre moins sur chaque arbuste et les laisser jusqu'à ce qu'ils aient mangé presque toutes les feuilles. Ils sont alors plus gros et se changent plus aisément, comme on le verra plus loin.

Enfin on peut encore employer un système d'éclosion analogue à ceux que j'indique pour les *Éducations en grand*, c'est-à-dire placer tous les œufs dans une boîte circulaire portée sur une sorte de piédestal, et entourer cette boîte de bouquets de jeunes branches, au pied plongeant dans des flacons pleins d'eau, et disposés de telle manière que les feuilles viennent toucher la boîte, surtout du côté du jour, car les Vers, à leur naissance, se portent toujours de préférence vers l'air et la lumière.

Dans mes si heureuses éclosions de ces dernières années, surtout de 1865 et 1867, qui me donnaient plusieurs milliers de Vers chaque matin, les petites chenilles (bien que les appareils d'éclosion fussent placés devant des fenêtres ouvertes), s'accumulaient toujours, en masse et les unes sur les autres, au bord des boîtes qui se trouvait du côté de la fenêtre, tandis qu'il n'y en avait que peu ou point sur la partie de la boîte tournée du côté de la chambre. C'était une aspiration instinctive vers l'air extérieur. Un bouquet de feuilles, fût-il unique, qui serait placé dans l'ombre et à l'opposite du jour, n'aurait pas le privilége d'attirer ou même de retenir les Vers. Aussi répéterai-je, pour bien me faire comprendre, qu'il faut placer les bouquets de feuilles contre la boîte et entre elle et le point d'où viennent le grand air et la clarté.

Quel que soit le mode d'éclosion adopté, il faut avoir soin chaque jour d'humecter les œufs pour ramollir la coque et permettre au Ver de pratiquer l'ouverture qui doit lui livrer passage. Cette précaution est indispensable, si le temps est sec et la température élevée ; sans elle, la petite chenille ne pouvant attaquer la coque qui, chez le *Yama-maï* est, comme je l'ai dit, épaisse, parcheminée et presque calcaire, périt infailliblement avant d'éclore.

Dans ce but, plusieurs moyens peuvent être employés. On mouille la soucoupe de papier buvard sur laquelle les œufs reposent ; ou bien on jette simplement quelques gouttes d'eau sur les œufs, en ayant soin de les remuer pour les humecter tous. Ceci est même la meilleure manière de procéder, lorsque le temps est chaud et sec et si l'on a beaucoup d'œufs. En versant le soir un peu d'eau dans les boîtes où les œufs se trouvent, et en les remuant tous, pour les imprégner d'humidité, ils deviennent très-disposés à éclore le lendemain matin. L'excédant de l'eau est absorbé par le carton ou s'échappe par des trous pratiqués à la soucoupe, à la boîte. C'est par cette méthode que j'ai obtenu l'éclosion de tous mes œufs en quelques jours.

J'avais déjà remarqué ce besoin d'humidité, chez le Ver de l'ailante, pour l'éclosion de la génération automnale. La chenille périssait dans sa coque, qui cependant est bien moins dure que celle du *Yama-maï*. J'ai sauvé mes œufs de *Cynthia* en les humectant chaque soir. Le Ver du mûrier, ayant la coque de son œuf réduite à une simple pellicule, n'a pas besoin de cette précaution, bien qu'il redoute encore un air trop sec.

Et dans la nature cette prévoyance, comme tant d'autres qui échappent à l'homme, n'est pas oubliée par le Créateur. La couche d'enduit gommeux qui recouvre l'œuf, sert, en effet, non-seulement à le fixer aux arbres où le papillon les dépose, mais encore à lui fournir un des éléments nécessaires à son éclosion. Cette gomme est très-hygrométrique, chaque nuit elle se charge de l'humidité qu'elle puise dans l'air, la retient et ramollit la coque de l'œuf.

Ce que le Ver trouve naturellement à l'état sauvage, il faut le lui donner dans les éducations privées.

C'est par cette dernière considération que je conseille aussi de laisser toujours, autant que possible (excepté la nuit, lorsque la température baisse, pendant l'éclosion, au-dessous de 12° centigrades), les fenêtres de la chambre tout ouvertes, et de placer les œufs auprès de l'air extérieur. Le *B. Yama-maï*, étant une espèce sauvage, a un impérieux besoin de grand air; et sa respiration cutanée, quoique moins puissante alors que dans les âges ultérieurs, a néanmoins dès sa naissance une grande influence sur sa bonne constitution. Aussi serait-il encore préférable, si la température des nuits était assez élevée, et si l'on n'avait à craindre les insectes nocturnes ou les accidents causés par des animaux, de les faire éclore complétement en plein air, pourvu qu'on eût soin de les protéger, dès le matin et toute la journée, contre les rayons du soleil. Il serait bon, dans tous les cas, de les laisser tout le jour dehors, si la température le permettait et en les tenant à l'ombre.

Mes éducations et celle faite en 1865 par M. le docteur Chavannes, doivent à cette aération constante d'avoir fourni d'excellents cocons, des papillons magnifiques et des œufs d'excellente qualité ; tandis que les éducations (en 1865) de MM. Auzendre, Ligounhe, etc., qui avaient été faites en serres, ont manqué plus ou moins complétement.

Les éclosions ont lieu habituellement à la température naturelle. Cependant il arrive, comme en 1866, que le printemps est extrêmement variable et que la température extérieure, après avoir été élevée, s'abaisse tout à coup et reste froide pendant un certain laps de temps. Les éclosions, alors, commencées favorablement vers le milieu d'avril, peuvent être contrariées par le froid et se retarder même jusqu'à la fin du mois. Or le chêne, dont la séve est déjà en mouvement et dont les racines profondes sont nécessairement à l'abri des variations momentanées de la température, ne saurait être aussi sensible que de petits Vers à de brusques refroidissements. Les feuilles continuent à pousser, à se développer, et si l'éclosion se trouve retardée de quinze jours, il peut se faire que l'on ne trouve plus de feuille naissante pour donner aux Vers naissants; la nourriture est trop âgée, trop faite, et les Vers, ne pouvant la supporter, périssent presque tous.

Il faut donc, dans ce cas, forcer l'éclosion par des moyens artificiels, en chauffant la chambre à 18 ou 20°, ou en portant les œufs dans une serre chaude. On peut encore placer ces œufs dans un grand vase de terre qu'on enfonce dans du fumier chaud : la chaleur uniforme et constante sert de couveuse. On a soin tous les matins de recueillir les Vers éclos et de les porter dans un milieu également chaud, mais plus aéré.

Deux jours après, les Vers peuvent supporter une température de 10° seulement.

J'ai beaucoup insisté sur ces premiers moments de la vie du Ver; mais l'importance en était trop grande pour passer sous silence aucune des précautions nécessaires. De là dépend souvent tout l'avenir de l'éducation, et j'attribue la grande mortalité qu'on signale habituellement pendant cet âge, au défaut de soins propres à rapprocher les Vers des conditions où ils se trouvent dans la nature.

Premier âge. — Les Vers éclos le matin ont promptement attaqué les jeunes feuilles sur lesquelles ils sont montés.

S'ils ont été placés sur des chènes en pots, on ne les dérangera pas avant la première mue, à moins qu'ils ne viennent à manquer de nourriture, ce qui peut être facilement évité en disséminant davantage les Vers.

S'ils sont sur des bouquets de petites branches coupées, on doit les changer dès le soir même de la naissance, parce qu'alors il y a vingt-quatre heures au moins que ces branches trempent dans l'eau.

Et c'est ici l'occasion de parler d'une cause fort grave de mortalité, qui, sans être toujours apparente, peut en quelques heures compromettre toute une éducation, c'est celle résultant de l'état de la nourriture. Habituellement, en effet, pour donner aux Vers leurs premiers aliments, à cette époque où les bourgeons de chêne commencent à peine à se développer, on coupe de petits rameaux de 1 à 2 décimètres au plus, et on les plonge dans un petit flacon plein d'eau. Or il arrive, en raison de la dimension trop réduite de ces rameaux, que l'eau absorbée ne s'élabore pas suffisamment dans le bois, qu'elle arrive trop vite et trop *crue*, si je puis m'exprimer ainsi, dans les feuilles, qu'elle vicie la constitution chimique du tissu végétal, et que les Vers, en les mangeant, s'en trouvent incommodés et succombent. On voit, du reste, une preuve de ce funeste effet sur les folioles mêmes, car, dès le lendemain (après vingt-quatre heures), elles sont presque toujours parsemées de taches brunes qui attestent un commencement de décomposition. Pour obvier à tout inconvénient de cette nature, il faut, autant que possible, changer les petites branches matin et soir, toutes les douze heures. Quand les branches qu'on coupe ont un pied de long, on peut sans inconvénient les laisser plonger dans l'eau vingt-quatre heures, mais jamais plus. Il faut aussi remplacer l'eau tous les jours, ou en même temps que les branches au plus tard. L'eau corrompue rendrait bientôt insalubre la nourriture nouvelle qu'on y plongerait. On peut d'ailleurs, comme je l'ai fait avec succès, mêler des résidus de charbon à l'eau pour empêcher ou retarder sa décomposition.

Il est clair que, pour changer les branches coupées, il faut en cueillir de nouvelles aux arbres tous les jours ou tous les deux jours, et non en couper une certaine quantité un jour, pour laisser ce qu'on n'emploie pas tremper le pied dans l'eau, en réserve, afin de s'en servir au besoin. Il est évident que l'eau se gâte et que la feuille se vicie aussi bien dans un bouquet que dans l'autre, que cette feuille porte ou non des Vers.

On a soin de faire le plein des flacons matin et soir.

Changer les Vers est, à cet âge, une opération fort délicate. Je ne saurais trop recommander d'y apporter des soins intelligents. On prépare d'abord un bouquet de branches fraîches, dont on introduit le pied dans un flacon plein d'eau nouvelle. Ce flacon doit avoir le goulot très-court, et le ballon brusquement élargi afin que contenant beaucoup d'eau, cette eau s'altère moins facilement et que le niveau s'en abaisse avec moins de rapidité. Le pied des branches, doit, d'ailleurs, plonger assez profondément dans l'eau, et l'on peut, pour faciliter l'introduction, dégarnir toute la partie plongeante de ses feuilles ou bourgeons. Il faut avoir la précaution de disposer le bouquet de manière que l'air se joue à travers et de fermer hermétiquement, avec de petits paquets de papiers ou de linge, les interstices qui peuvent exister entre les branches au col du flacon ; sans cela, les jeunes Vers, toujours avides d'humidité, descendent le long des branches et, dès qu'ils trouvent une issue, se glissent jusque dans le récipient, pénètrent même sous l'eau et se noient.

Le flacon peut être remplacé par un vase à large panse, recouvert d'une double petite planchette, percée de trous correspondants. On fait passer par chacun de ces trous le pied d'une branche qui va plonger assez profondément au-dessous, dans l'eau du vase. Comme toujours, il faut boucher convenablement les issues, afin d'éviter les noyades.

Lorsque le bouquet de nouvelles feuilles est préparé, on retire avec précaution et sans secousse l'ancien de son flacon, et, prenant branche à branche, on coupe avec des ciseaux chaque feuille ou reste de feuille qui porte un ou plusieurs Vers, et l'on fait tomber Ver et feuilles sur les feuilles fraîches. Si un grand nombre de Vers se trouvent sur un bout de branche, on coupe ce bout, on enlève avec des ciseaux toutes les feuilles et restes de feuilles où il n'y a plus de Vers, et qui feraient égarer leur marche, et l'on dépose ce petit rameau élagué, avec ses Vers, au milieu du feuillage frais. Les chenilles passent d'elles-mêmes et assez promptement sur les feuilles nouvelles. On a l'avantage, ainsi, de ne jamais toucher ni déranger les jeunes Vers.

Ce conseil d'enlever tous les bouts de branche, les feuilles où il n'y a plus de Vers et de réduire même celles où il s'en trouve, a une grande importance ; car les Vers, à cet âge, abandonnent quelquefois difficilement la feuille ou la branche qu'ils occupent; ils y demeurent assez longtemps encore, s'ils y trouvent de la feuille même un peu fanée, et non-seulement ils doivent en souffrir, mais encore ils ne peuvent se développer aussi rapidement que ceux qui sont toujours sur de la feuille fraîche.

Il faut avoir un œil exercé pour n'oublier aucun petit Ver sur les vieilles branches, car ils se logent soit sous un pli de feuille, soit à un angle, à une bifurcation de branche noire, et y demeurent souvent très-peu visibles. Aussi, je conseille de ne jamais les changer à la lumière; on en perdrait beaucoup.

On doit avoir également soin de disséminer les Vers sur toute la surface du bouquet nouveau, sans quoi certaines parties seraient déjà complétement mangées, tandis que d'autres se trouveraient encore à peu près intactes, et beaucoup de Vers affamés deviendraient vagabonds. Ils souffriraient, d'ailleurs, de la faim et ne se développeraient pas uniformément, ce qui serait un très-grand inconvénient pour les mues, comme nous le dirons plus tard. On placera donc, autant que possible, sur chaque bouquet, un nombre de Vers à peu près suffisant pour que toutes les feuilles soient presque dépouillées au moment où on doit les changer, c'est-à-dire douze à vingt-quatre heures après. L'expérience apprendra ce nombre approximatif. On enlève les vieilles feuilles et branches de temps en temps, lorsque tous les Vers les ont délaissées.

On peut bien aussi, pour commencer la transvasion des Vers, placer le ou les bouquets de nouvelles feuilles contre l'ancien, de préférence du côté du jour ; la plupart des chenilles montent ainsi d'elles-mêmes sur la nourriture fraîche, et l'on n'a plus à en changer que quelques-unes avec des ciseaux.

Un ou deux jours après l'éclosion, aussitôt que possible, c'est à dire dès qu'on peut être pourvu de branches assez longues et assez fournies de feuilles, on ne change les Vers qu'une fois par jour. Dans ce cas, il est indifférent d'y procéder le matin ou le soir. Habituellement on le fait le matin, soit qu'on se trouve plus de temps à disposer, soit qu'on n'ait pas à craindre d'être surpris par la nuit. Mais aussi cette habitude a pour inconvénient de forcer les Vers, qui, à mesure de leur croissance, mangent davantage, à n'avoir pour la nuit que le reste des feuilles de la journée. Il peut arriver, alors, qu'au milieu de la nuit ou dès l'aurore, ils aient achevé leur nourriture, et, comme c'est l'heure où leur appétit est le plus vif (lorsque la température est douce), ils courent de tous côtés, descendent le long du vase, ou se laissent tomber à terre ; en un mot, ils abandonnent le bouquet de chêne et se disséminent de tous côtés. Dans ce cas, une heure ou deux de retard peuvent devenir extrêmement préjudiciables à l'éducation; ce qui serait plus facilement évité, si les Vers n'arrivaient que dans le courant de la journée à la fin de leur nourriture.

Ainsi, lorsqu'on prendra pour habitude de les changer le matin, il faudra bien examiner, chaque soir, si les chenilles auront assez de feuilles pour la nuit. On pourra, dans le doute, appliquer deux ou trois branches fraîches autour du vieux bouquet, pour recueillir pendant la nuit les Vers trop affamés.

Je n'ai point remarqué que les chenilles abandonnent plus facilement à une heure plutôt qu'à une autre, c'est-à-dire le jour ou la nuit, les petites branches ou feuilles que l'on détache de l'ancien bouquet, quand on les change, pour les placer sur le nouveau. Cependant le *B. Yama-maï* étant une espèce nocturne, le raisonnement peut faire penser que sa chenille mange plus la nuit que le jour, qu'elle doit rechercher plus spécialement, à cette heure, les feuilles nouvelles, et que conséquemment, sous l'influence de la fraîcheur nocturne, elle doit abandonner plus facilement les branches fanées.

Ce que je viens de dire au sujet de l'habitude qu'ont les Vers de déserter les branches où ils ne trouvent plus de nourriture, peut se reproduire dans d'autres circonstances. Par exemple, lorsque la feuille trempe depuis trop longtemps dans l'eau, ce qui a lieu d'autant plus rapidement que les branches sont plus courtes et les feuilles moins développées : dans de telles circonstances, j'ai vu des Vers abandonner leur nourriture quinze à seize heures seulement après qu'elle avait été cueillie et mise en flacons. Il arrive aussi, lorsqu'ils sont en chambre, qu'ils recherchent avidement l'air et la lumière. S'ils ne sont pas placés immédiatement auprès d'une fenêtre ouverte, ils se portent en foule, comme pendant l'éclosion, du côté du jour, et se laissent tomber des feuilles pour marcher en procession vers le grand air. Quant aux Vers japonais, ils

sont extrêmement vagabonds, courent partout et se laissent
choir facilement de tous côtés autour du vase qui contient les
feuilles.

Afin de n'en perdre aucun et d'obvier aux inconvénients que
peuvent avoir de semblables habitudes, il sera utile de placer
les flacons sur une grande table bien unie, où les Vers ne
trouvent aucune aspérité que leurs pattes puissent accrocher.
On placera avec raison du papier dessus, mais que ce papier
soit lisse et collé. Point de linge : les Vers se cramponnent
trop vivement aux fils et sont très-souvent blessés lorsqu'on
veut les enlever. On fera bien, au moins dans le premier âge,
alors qu'ils sont plus vagabonds, de les visiter toutes les heures, pour relever ceux qui seront tombés. Si la table est
grande, on en trouvera rarement sur le plancher ; mais, comme
ils sont très-agiles, beaucoup auront couru autour de cette
table et se seront même logés en dessous.

Lorsqu'on recueille ces jeunes Vers, il ne faut point les
toucher avec les doigts. On prend un petit morceau de papier, et on décolle doucement la chenille, par le côté, de la
surface sur laquelle elle se trouve. Quelquefois elle s'attache
d'elle-même au papier ; souvent aussi, marchant sur une
surface lisse, et n'ayant aucun point d'appui pour se retenir,
elle se renverse sur le côté ou sur le dos. On peut alors, de
l'autre main, avec des barbes de plume, la faire glisser sur le
petit papier. S'il s'en trouve au bord de la table, on les fait
facilement tomber sur ce même papier qu'on replace au
milieu du bouquet de feuilles, sur lesquelles les Vers se portent rapidement. On enlève les papiers quand ils sont aban-
donnés.

Lorsque les flacons sont un peu élevés, il peut y avoir à
craindre que les Vers ne se blessent en tombant sur la table.
J'ai assez heureusement prévenu ces accidents en adaptant à
chaque goulot de mes flacons, une collerette de carton lisse, ce
qui s'effectue aisément, en fendant le carton jusqu'au milieu,

puis en y pratiquant un trou circulaire dans lequel on passe le col du flacon ; on rattache ensuite, avec une ou deux épingles, le carton qui se tient naturellement dans une position horizontale ou un peu ascendante, et sur lequel tombent, sans pouvoir se blesser, les petits Vers vagabonds.

A tout âge et dans tout état, le *B. Yama-maï* est, ainsi que je l'ai dit, fort avide d'humidité. Si la température est assez douce, on peut, et si elle est élevée, on doit, les humecter une fois par jour.

Voici comment j'ai découvert, en 1865, l'affinité de ce Ver pour l'humidité. Je trouvai un jour, vers deux heures de l'après-midi, un Ver qui, étant descendu le long de la branche de chêne jusque dans l'eau du flacon, y semblait noyé et demeurait complétement immobile. Comme la chaleur était à Privas fort intense et que, élevant mes Vers en chambre, je ne pouvais les mettre à l'air que la nuit et non le jour, à cause de l'ardeur du soleil, je pensai qu'ils souffraient de l'absence de fraîcheur. Dans les bois, en effet, les chenilles des papillons nocturnes ont pour habitude de se retirer pendant le jour aux endroits les plus frais de l'arbre sur lequel elles vivent, et d'ailleurs, pour les *Yama-maïs* en particulier, comme pour les Vers de l'ailante, les nombreux et profonds pores dermaux qu'on observe à l'œil nu ou à la loupe témoignent de leur avidité pour l'air et l'humidité.

J'eus donc l'idée de jeter de l'eau tous les matins sur les branches et sur les chenilles elles-mêmes. A partir de ce moment, mes Vers n'ont pas souffert un instant, pas même dans les journées de plus forte chaleur, au commencement et au milieu de juin; mais alors je les arrosais deux fois par jour.

Quant à celui qui s'était noyé dans l'eau du flacon, je parvins à retirer toute l'eau qu'il avait absorbée et à le rappeler à la vie en le saupoudrant de plâtre que je remplaçais dès qu'il était mouillé. Mon Ver est revenu complétement à lui, au bout d'une heure et n'a plus été malade dans la suite.

Tous les éducateurs qui ont négligé d'arroser ainsi leurs Vers ont perdu la plus grande partie de leur récolte.

Il faut, pour cette opération, diriger une pluie très-fine, une espèce de brouillard, sur les bouquets de feuilles. A cet âge, un arrosoir à trous étroits jetterait peut-être encore trop d'eau. Une petite pompe à main ne pourrait pas suffisamment régler le jet, à la distance rapprochée où l'on doit être. Le moyen le meilleur est celui, très-ingénieux, qu'a indiqué M. le maréchal Vaillant. Le voici : on plonge dans l'eau une brosse à longs poils, puis, la tenant d'une main, dans une position renversée, on passe l'autre main sur les poils en les inclinant en arrière, de façon que l'élasticité, en leur rendant leur position normale, lance, par la force centrifuge, une petite pluie très-déliée sur le bouquet de feuilles. Ce moyen a l'avantage de pouvoir humecter, bassiner légèrement les branches, non-seulement en dessus, mais même en dessous et de tous côtés ; il a encore celui d'être expéditif et de ne donner aucun embarras.On peut aussi, en changeant les branches, tremper les nouvelles feuilles et les rameaux dans de l'eau fraîche et bien propre ; en les secouant, ensuite, avant de les disposer dans les flacons, il reste sur le feuillage une favorable humidité qui se conserve une partie de la journée.

On doit avoir soin de ne pas laisser tomber ou séjourner de liquide sur la table ; les Vers s'y noieraient facilement. On l'enlève avec une éponge.

Il est bon aussi de nettoyer tous les jours les ordures que rejettent les chenilles. Ce sont encore des grains microscopiques qui partent rapidement sous un léger souffle. On emploiera donc plus volontiers ce mode de nettoyage ; les Vers demeureront ainsi en place, et on les recueillera facilement, tandis que, si on balaye les ordures, même avec une plume, on s'expose à jeter ou à écraser les jeunes Vers.

Lorsqu'on n'a pas forcé de chênes en pots, c'est-à-dire quand on utilise la feuille des arbres venus naturellement dans la campagne, c'est ordinairement le chêne pédonculé (*Quercus pedunculata*) qu'on donne au premier âge, parce qu'il développe ses premières feuilles de huit à dix jours plus tôt que les autres espèces, dans un même lieu ; mais, après cette première époque, on leur donne indistinctement de toutes les espèces ou variétés de chênes sauvages : *Q. sessiliflora, pubescens, Cerris* et *Tozza* ; je préférerais même ces espèces à la première, si elles étaient assez développées, parce que leurs feuilles, n'étant pas comme celles du *pedunculata*, fastigiées au sommet des rameaux, se développent mieux, sont plus distantes les unes des autres, et que, paraissant plus tard elles sont moins coriaces, moins parcheminées pour l'arrière-saison. Quelle que soit, cependant, l'espèce de chêne que l'on commence à donner lors de la naissance, il est bon de fournir aux Vers, pendant tout le premier âge, des feuilles du *même* arbre. Cette conformité d'alimentation m'a toujours paru exercer une salutaire influence sur la santé des chenilles.

Tous les soins que je viens de décrire minutieusement, parce qu'aucun ne manque d'importance, doivent être ponctuellement observés et renouvelés chaque jour. Chaque jour, aussi, on augmente le volume des bouquets de feuilles, parce que les Vers en grossissant consomment davantage. Il faut, ainsi que je l'ai recommandé, disséminer les Vers, aussi uniformément que possible, sur toute la surface feuillée, afin qu'ils mangent et se développent tous également, de façon qu'ils arrivent à leur mue à peu près en même temps. On peut, pour hâter la marche des derniers éclos, les placer dans un lieu plus chaud et leur fournir un peu plus de nourriture fraîche, ce qui les avance d'un ou deux jours dans ce premier âge.

Huit à dix jours environ après leur naissance, comme nous l'avons dit p. 21, les Vers arrivent à leur première mue. Dès qu'on en aperçoit quelques-uns endormis, ce qu'on reconnaît non-seulement à leur attitude, mais encore à l'espèce de triangle que forme sur la tête la nouvelle tête qui va paraître (V. page 22), on leur donne une plus grande quantité de feuilles, afin de fournir aux Vers non endormis toute la nourriture dont ils auront besoin avant leur sommeil, sans être obligé de changer les feuilles pendant leur repos. Dans ce cas, on a soin de faire, chaque jour, le plein des flacons avec de l'eau fraîche, ce qui se pratique aisément au moyen d'une burette ou autre vase à bec effilé, dont on insinue l'extrémité dans le goulot des flacons, afin de les remplir sans répandre de liquide à terre.

La nécessité d'avoir des Vers à peu près égaux, c'est-à-dire du même âge, apparaît dès ce moment. Si on élevait, en effet, sur un même bouquet, des Vers d'âges très-différents, il y en aurait qui seraient endormis depuis plusieurs jours, tandis que d'autres auraient encore à manger pendant un ou plusieurs jours avant d'arriver à leur mue; on se trouverait alors dans l'alternative ou de changer les feuilles pour en donner de fraîches aux Vers affamés, ce qui dérangerait certainement et ferait périr un grand nombre des endormis, ou de ne point changer les feuilles, pour ne pas déranger ces derniers, et alors de laisser mourir de faim ceux non encore arrivés à la mue ou de leur imposer de la feuille malsaine. Il faut donc, autant que possible, pour éviter ces inconvénients, resserrer les éclosions en un très-petit nombre de jours et tâcher de développer les Vers uniformément.

Si, cependant, après deux jours, quand la masse est endormie, quelques Vers retardataires n'étaient pas encore parvenus à leur sommeil, on pourrait poser sur le bouquet de feuilles une ou deux petites branches fraîches de chêne, piquées dans des morceaux de pommes de terre, afin de lever ces Vers et de les soigner à part jusqu'à la mue, en les accélérant par les moyens signalés.

Il est clair que dans le cas où l'éducation se ferait, dès le premier âge, sur chênes vivants, dans des pots ou en plein vent, il serait inutile de chercher à les égaliser, puisqu'on n'aurait pas besoin de les changer de feuilles.

Deuxième âge. — On reconnaît que le Ver a changé de peau aux différences de couleur et aux signes généraux indiqués p. 22-23; mais ce qui saute immédiatement aux yeux, c'est la grosseur relative de la nouvelle tête.

Comme les Vers récemment sortis de la mue demeurent volontiers quelque temps en repos, on peut les laisser sur les vieilles branches jusqu'à ce que les trois quarts au moins soient réveillés. Si on a su les égaliser, c'est-à-dire, leur donner à tous autant d'air et de nourriture, ils sortiront presque tous à la fois.

Le moment venu, on changera les feuilles ainsi qu'il a été dit plus haut (page 45); mais plus que jamais on devra apporter des soins dans cette opération, et ne pas toucher les Vers avec les doigts, pour ne point blesser leurs tissus et leurs organes encore peu raffermis. On fera bien, dans ce but, de dépouiller en grande partie avec des ciseaux, l'ancien bouquet de feuilles, avant d'ôter les vieilles branches du flacon, afin d'éviter tout choc, toute meurtrissure ou secousse, que, par mégarde, on pourrait donner aux Vers en heurtant les branches.

Au fur et à mesure que les Vers grossissent, on doit leur donner de la feuille de plus en plus développée; peut-être serait-il convenable, cependant, de faire manger pour ce premier repas après la mue, des pousses un peu plus tendres, parce que l'appareil de la mastication n'est pas encore assez raffermi par l'air.

On continue ainsi, pendant tout cet âge, à les changer régulièrement, à leur donner autant d'air que possible, même et surtout la nuit, si la température le permet, et à les arroser légèrement pendant le jour, lorsque l'atmosphère est sèche.

Naturellement, les bouquets de feuilles sont remplacés peu à peu par des faisceaux de branches feuillées qu'on fait tremper dans des vases de plus en plus grands, mais toujours de même forme : col plus ou moins large, mais court, et ballon brusquement élargi.

On a toujours soin de bien boucher, avec du papier ou du linge, les interstices des branches auprès du col de ce vase, pour que les Vers n'aillent pas se noyer.

Si les Vers sont sur chênes en pot et s'ils ont à peu près mangé toutes les feuilles, il faut songer à leur donner d'autre nourriture; on place alors de nouveaux chênes en pots auprès et autour des anciens, et l'on entrelace, ingénieusement et avec précaution, les nouvelles et les anciennes. Les Vers passent ainsi d'eux-mêmes sur le feuillage frais, et au bout de quelques heures il n'en reste presque plus sur l'ancien; on enlève ces retardataires en coupant les bouts de branches sur lesquels ils se trouvent, ou en recueillant avec un petit papier ou une feuille, ceux qui marchent sur le bois.

Les Vers se rendorment environ six jours après leur réveil.

Troisième âge. — Après la deuxième mue, que les Vers traversent à peu près comme la première, et pendant laquelle ils réclament les mêmes soins, on doit les laisser de plus en plus soumis à la bienfaisante influence de l'air libre. La température, d'ailleurs, à cette époque (on doit se trouver au moins dans les premiers jours ou à la fin de mai), est habituellement assez douce pour que les chenilles puissent rester dehors jour et nuit.

Si l'on a à sa disposition et sous la main des chênes de plein vent, on placera les Vers dessus, pour leur fournir une alimentation plus saine et afin, d'ailleurs, de simplifier les soins à donner jusqu'à la formation des cocons.

On choisit d'abord un arbre recépé à ras de terre ou à une faible hauteur, appelé, suivant les pays, *émousse, émonde, têtard*, etc., et dont les repousses soient âgées de deux ou trois ans (les pousses d'un an ont les feuilles trop aqueuses). On l'approprie, on le prépare à recevoir les Vers. On secoue fortement les branches, pour faire tomber les insectes. Si elles sont habitées par les fourmis, qui sont des ennemies dangereuses, comme on ne peut les faire tomber par les secousses, il faut les faire descendre. On frappe alors des coups répétés et non interrompus sur le tronc de l'arbre, ou sur les principales branches, les fourmis se hâtent de descendre en procession le long du chêne jusqu'à terre. Cet exercice peut quelquefois durer une heure, parce qu'il faut que les fourmis aient le temps de descendre de l'extrémité des feuilles et des rameaux ; mais, si on a soin de ne pas l'interrompre, rarement il en reste dans l'arbre. On se hâte alors de semer autour du pied de la sciure de bois imprégnée de coaltar, afin de les repousser si elles essayaient de remonter. On entoure également le tronc avec du crin imbibé de la même substance, et l'on coupe soigneusement les branches des arbres voisins qui, en se mêlant aux branches du chêne, pourraient donner accès aux fourmis.

Alors on y transporte les Vers en coupant les branches sur .esquelles ils se trouvent, comme pour les changer, et en les fixant avec du fil ou autrement aux feuilles de l'arbre, pour que le vent ne les fasse pas tomber. On a soin de les disséminer convenablement sur la surface feuillée et de n'en point trop mettre, afin qu'ils n'arrivent pas, dans la suite à manquer de nourriture ; puis on recouvre l'arbre d'un filet à mailles assez serrées pour que les oiseaux ne puissent passer au travers. Il sera bien, si possible, de faire supporter le filet par quelques cercles disposés autour de l'arbre, au lieu de le faire reposer sur les feuilles mêmes, dans la crainte de blesser les Vers qui se tiennent plus volontiers au sommet des branches, ou de permettre aux oiseaux de commettre leurs rapines au travers du réseau. Sur les têtards, ce filet pourra être lié au-dessous des branches, an tronc de l'arbre. Ainsi arrangés, les Vers seront dans des conditions parfaites pour leur entier développement. Ils n'exigeront plus qu'une surveillance générale jusqu'au coconnage.

Mieux vaudrait encore avoir un coin de bois taillis de 1 mètre ou 2 d'élévation, bien feuillé et suffisamment nettoyé au pied. On le recouvre d'un filet reposant sur des traverses légères et l'on dissémine les Vers sur les arbres.

Lorsqu'on n'a que quelques Vers, on peut employer le système indiqué par M. Chavannes. Il consiste à les placer sur une branche d'un chêne sauvage, à la lisière d'un bois ou ailleurs, mais à l'abri des déprédations des enfants et des atteintes des bestiaux, et à introduire cette branche feuillée dans un manchon de gaze plus ou moins grand, fermé à un bout et lié à l'autre, autour de la branche. Lorsque les Vers ont mangé les feuilles, on les enlève, on les transporte sur une autre branche, que l'on introduit de même dans le manchon de gaze, et ainsi de suite jusqu'au coconnage. Cette méthode a, sans doute, l'avantage d'être peu coûteuse, de fournir aux Vers de la feuille naturelle, non viciée, et de permettre d'utiliser les branches basses des grands arbres, mais elle présente peut-être quelques difficultés pour changer les Vers, et je pense qu'il faut, dans ce cas, se servir de gaze ou canevas très-clair, afin que l'air circule très-librement à l'intérieur. Personne n'ignore combien le plus léger voile arrête le souffle de l'air, qui est si recherché par les chenilles, et lorsque, d'ailleurs ces manchons se trouvent exposés au soleil, ce tissu, quoique léger, étouffe l'air à l'intérieur, c'est-à-dire fait hausser de plusieurs degrés la température en comparaison de l'atmosphère ambiante.

Si l'on a suffisamment de chênes en pots, on peut naturellement continuer l'éducation sur de tels plants jusqu'à la formation des cocons.

Mais, si on est réduit à user de branches coupées plongeant dans l'eau, il faut les choisir de 1 mètre au moins ou 1 mètre et demi de long, et les introduire dans un vase assez grand et toujours de même forme. De cette taille, les branches peuvent demeurer deux jours sans être changées; on fera sagement toutefois de mêler à l'eau un peu de poussier de charbon, pour éviter qu'elle ne se corrompe, et de faire, soir et matin, le plein des vases avec de l'eau pure, pour donner de nouvelles parties salines à l'eau qui s'est appauvrie par l'absorption.

J'ai employé, avec succès, des cruches en grès que j'enfonçais à moitié en terre, pour plus d'équilibre, et dans lesquelles je disposais des bouquets de branches longues quelquefois de 3 mètres et plus, que je renouvelais tous les deux jours. C'était un véritable bois taillis, et la nourriture était d'autant plus naturelle, d'autant meilleure, que l'eau, dans laquelle le pied de la branche plongeait, traversait une plus grande longueur de bois et s'y élaborait davantage avant d'arriver aux feuilles. J'avais soin, pour protéger ces faisceaux contre le vent, de les lier à une certaine hauteur avec trois cordes rayonnantes attachées à trois piquets fichés en terre; les branches conservaient ainsi leur position verticale et résistaient aux plus fortes tempêtes. Il va sans dire que pour les protéger contre les insectes, on sème, s'il est nécessaire, de la sciure de bois imprégnée de coaltar autour des cruches, et que, contre les oiseaux, on établit des filets sur les branches ou on constitue un gardien.

On peut encore se servir de deux planches superposées, maintenues par des traverses à un intervalle d'environ $0^m,02$ l'une de l'autre, et percées de trous correspondants d'un diamètre plus ou moins grand, dans lesquels on fait passer le pied de branches longues de $0^m,70$ à 1 mètre. Ces planches reposent sur un baquet à quatre pieds de même forme et de même dimension que le double couvercle troué, et rempli d'eau pour que la base des rameaux puisse y plonger assez longuement sous le couvercle. Un robinet, établi au fond de ce baquet, permet de changer l'eau tous les deux jours. On la préserve, d'ailleurs, de la corruption en y mêlant du résidu de charbon de bois.

Cette méthode est peut-être un peu plus expéditive que la précédente, pour le changement de la nourriture ; elle permet aussi d'intercaler au besoin quelques branches de chêne frais parmi les anciennes, et, en rapprochant les baquets, on a une espèce de table longue, sur laquelle, en commençant par un bout, on peut assez facilement changer la nourriture. Mais on y remarque aussi, comme inconvénient, que les branches, moins longues, se vicient plus promptement, que les Vers ont moins d'air et que, pour les faire passer sans les toucher, sur les nouvelles branches, on éprouve plus de difficultés que si l'on a simplement à rapprocher une cruche fraîche d'une ancienne, en entremêlant un peu les feuilles.

Je donnerais donc, je crois, pour une éducation peu considérable, la préférence aux cruches contenant d'assez longues branches, si je n'aimais encore mieux un petit bois taillis gardé ou couvert de filet.

Quatrième âge. — J'ai déjà recommandé de ne point déranger les Vers pendant leur sommeil ; et en effet, lorsqu'ils ont été déplacés, leurs pattes anales n'étant plus fixées à la branche où elles s'étaient accrochées pour trouver résistance, ils ne peuvent, à leur réveil, se débarrasser de leur ancienne peau, qui reste attachée aux deux derniers anneaux du corps et les suit partout en empêchant l'expulsion du résidu de la digestion.

Si les Vers éprouvent une chute pendant les vingt-quatre premières heures de leur sommeil, on peut encore faire reprendre leurs pattes en les présentant à un bord de feuille, un fil ou une petite ficelle, suivant l'âge des chenilles, de manière qu'elles se trouvent la tête en bas ; mais lorsque le sommeil est trop avancé, les pattes n'ont plus la force de s'accrocher.

On doit, dans ce cas, les laisser sur une mousseline tendue, et, lors du réveil, les aider à sortir entièrement de cette vieille peau, en en déchirant les derniers lambeaux peu à peu et délicatement, soit avec les doigts, soit à l'aide d'un petit poinçon de bois. Cependant, il est à peu près certain que ce sont des Vers perdus.

Les *Yama-maïs*, quoique relativement sobres, mangent abondamment dans cet âge. On doit donc éviter à tout prix de les laisser manquer de feuilles, et bien calculer, chaque soir, s'il leur en reste assez pour la nuit.

Probablement, ceux qui vivront sur chênes en pots ou sur chênes taillis n'en pourront manquer ; mais si, pour les Vers qui seront sur branches au pied plongeant dans des cruches, la nourriture paraissait devoir faire défaut, on pourrait appliquer, le soir, autour des faisceaux d'anciennes branches, quelques branches fraîches plongeant dans de petits flacons, ou même dans des bouteilles. On en placerait aussi au milieu des bouquets, une ou deux plus courtes plongeant dans des flacons suspendus, de manière que *tous* les Vers pussent facilement trouver de la feuille en abondance.

Pour l'élevage aux baquets, on piquerait çà et là quelques branches aux endroits les plus dépouillés.

Quel que soit le mode d'éducation, on ne négligera pas d'arroser journellement les Vers à l'aide d'un arrosoir ou d'une pompe à main ; car à cet âge, et même plus tôt, ils ne craignent plus la chute de l'eau dense ; ils semblent au contraire se complaire à être complétement immergés. Les heures les plus propices pour cette opération sont : le milieu du jour et le soir après le coucher du soleil. Mais il faut prendre garde que, dans la journée, les Vers arrosés ne se trouvent au grand soleil. Ils seront mieux à l'ombre, à moins que les faisceaux de branches ne soient très-feuillés. La fraîcheur que ces arrosements leur procureront, les empêchera de déserter les branches et de courir de tous côtés.

C'est une désolation de voir, lorsqu'ils manquent de nourriture ou de fraîcheur, comme ils fuient par centaines et même par milliers. En une heure le sol est comme jonché de pauvres chenilles inquiètes, souffrantes, et qu'on risque fort de blesser en les relevant. Si cependant cela arrivait, c'est, comme nous l'avons dit, sur de petites soucoupes de papier fort ou de carton léger qu'il faudrait les replacer au milieu des branches.

Les Vers, s'ils sont un peu nombreux, doivent être complétement en plein air, jour et nuit. Ils ne pourraient supporter sans inconvénient l'air raréfié d'une chambre, les fenêtres en fussent-elles toujours ouvertes. Il faut, nous le répétons ici, que, comme aux deux précédents âges, mais de plus en plus impérieusement à mesure qu'ils grossissent, et surtout la nuit, la brise se joue constamment autour de leur corps. Les pores profonds qu'on remarque sur la peau, le rapide accroissement du corps à la sortie des mues, témoignent de l'avidité des chenilles pour l'air. Ce sont de petits animaux dont la vie est presque végétative ; je ne serais pas éloigné de croire qu'ils ont, la nuit, comme les plantes, une respiration dermale particulière.

A cet âge, ils sont assez forts pour supporter de grands abaissements de température, même de petites gelées. Un fait, qui m'est arrivé au Concours régional d'Évreux, vint prouver victorieusement que ce magnifique Bombyx est assez rustique pour vivre complétement en plein air, même sous des climats assez froids. — On se rappelle que, vers la fin de mai 1864, des froids tardifs se firent sentir dans nos pays ; de fortes gelées blanches s'étendaient la nuit sur la terre. Durant l'exposition d'Évreux, mes Vers se trouvaient perchés simplement sur une branche isolée et en partie dépouillée de feuilles ; le flacon qui la supportait était placé sous le pavillon des produits agricoles, pavillon couvert en chaume, il est vrai, mais aéré de tous côtés. Mes chenilles, ainsi exposées, sans aucun abri, à un courant d'air continuel, se trouvaient dans des conditions bien plus désavantageuses que si elles eussent été en pleine campagne, dans des bouquets de chêne ; elles auraient pu se retirer au milieu de l'arbre ou tout au moins sous les feuilles. Mais ici nulle protection. Aussi, le lendemain matin, après une nuit de 2 à 3° au-dessous de zéro, je trouvai tous mes Vers roides et gelés en apparence, quoique encore accrochés aux branches et aux feuilles. Ils avaient été surpris par le froid pendant leur repas nocturne. On les touchait, ils ne remuaient pas, et leur corps gardait l'attitude que le doigt lui imprimait. J'étais désolé et croyais tous mes Vers perdus (ce qui, dans l'affirmative, n'eût cependant rien prouvé contre la possibilité de l'acclimatation); mais, vers huit heures du matin, lorsque le soleil eut réchauffé l'atmosphère, je ne fus pas peu surpris agréablement de voir mes Vers se dégourdir peu à peu et revenir à la vie. Une demi-heure après, ils se mouvaient avec agilité et dévoraient leur nourriture, comme pour réparer le temps perdu. Pas un ne fut incommodé.

Ce fait prouve, d'une manière incontestable, que les abaissements ordinaires de température ne peuvent atteindre cette précieuse espèce, éminemment rustique. Ne voulant pas, dans les conditions exceptionnellement défavorables où se trouvaient mes Vers sous ce hangar, les exposer témérairement à un froid qui pouvait, aussi par exception, devenir excessif, je pris la précaution, pendant les deux ou trois nuits suivantes, de les protéger contre une trop grande rigueur de température; mais j'ai la conviction qu'ils auraient parfaitement supporté le froid des autres nuits comme celui de la première. Ce qui le prouve d'ailleurs, c'est que tous les Vers qui étaient restés chez moi, à Laval, et tous ceux qui, depuis, ont été élevés sur mes arbres en plein air, ont fréquemment aussi supporté de petites gelées sans en souffrir.

C'est après avoir mangé pendant 12 à 13 jours environ que les Vers commencent à s'endormir de leur dernière mue. Ce sommeil dure 3 ou 4 jours et même plus, suivant la température. S'il y a des retardataires, on les lève avec quelques branches fraîches, et on les nourrit à part abondamment jusqu'à leur mue, pour tâcher de les faire rattraper leurs devanciers.

Cinquième âge. — Après avoir changé de peau pour la dernière fois, les chenilles restent près de vingt-quatre heures en repos, sans manger, pour que leurs organes et leurs tissus puissent se fortifier convenablement. On les laisse environ trente heures sans leur donner de nouvelles feuilles (s'ils sont sur branches coupées), mais un plus long temps compromettrait leur constitution. C'est, en effet, l'instant où la peau du Ver, d'abord ridée et plissée, s'est rapidement gonflée sous l'absorption des gaz de l'air et où il devient affamé. Il mange, sans discontinuer, pendant 2 ou 3 jours, et grossit rapidement.

On conçoit, dès lors, la nécessité de ne pas les laisser manquer de nourriture. J'attribue à un défaut de soins de cette nature quelques faits particuliers qui ont été observés par certains éducateurs. Ainsi madame veuve Boucarut, dans le compte rendu de sa petite éducation de 1863, dit qu'après la quatrième mue, « les Vers mangent la peau dont ils viennent de se débarrasser. » Depuis trois ans que j'étudie, que j'observe avec soin toutes les phases de l'éducation de ces Vers, j'avoue que je n'ai pas remarqué que ce fût là une habitude générale et caractéristique de l'espèce. J'en ai vu des milliers changer de peau et leur vieille enveloppe reste habituellement attachée au lieu où ils l'avaient fixée, sans qu'ils s'en préoccupent davantage. J'en ai observé, il est vrai, quelques-uns qui ont mangé cette ancienne peau en tout ou partie ; mais c'est qu'alors, la faim arrivant, ils font aliment de tout ce qu'ils trouvent, s'ils n'ont pas de feuilles de chêne à leur portée. J'en ai vu qui dévoraient l'écorce et le bois même de la branche.

Quelquefois aussi le Ver, ne pouvant se débarrasser de son vieil épiderme ou d'une ordure, se retourne sur lui-même, et le saisissant avec ses fortes mâchoires, l'arrache pour le jeter à terre et se rendre libre.

Les chenilles devenant de plus en plus énormes et accumulant en elles les éléments de la matière soyeuse, réclament pour nourriture la feuille la plus faite. Les jeunes pousses, qui se montrent parfois à cette époque (vers le milieu de juin), à la suite de pluies extraordinaires, ne leur conviennent nullement ; trop tendres, trop aqueuses pour l'âge des Vers, elles leur seraient très-nuisibles. Elles leur donneraient une maladie fatale avant le coconnage ou dans le cocon même, sous l'état de chrysalide qui ne se transformerait pas en papillon. Il sera donc utile, si l'on donne des branches présentant déjà des pousses de la seconde séve, de couper ces extrémités, dont le feuillage, du reste, ne se conserve pas longtemps frais et que les Vers délaissent, lorsqu'ils ont à leur portée des feuilles plus faites, plus âgées.

Comme toutes les chenilles sauvages, les Vers ont soin d'éviter et de rejeter les parties des feuilles tachées et attaquées par la grêle ou les insectes. Les Vers domestiques du mûrier ne prennent pas cette précaution.

On ne cesse de les arroser, ainsi que les rameaux et les arbres, au moins une fois pendant le jour, afin de leur conserver la fraîcheur dont ils sont si avides. C'est un vrai plaisir de les voir, le matin avant le lever du soleil, perchés au sommet des branches, et dévorer les feuilles ruisselantes de rosée.

Lorsque les Vers approchent du moment où ils vont filer (seize à dix-huit jours après leur dernier réveil), ce qu'on reconnaît, d'ailleurs, à la couleur transparente d'un vert jaunâtre ou blanchâtre que prend la peau, à l'espèce d'inquiétude qui agite tout l'animal cherchant un endroit propice pour suspendre sa prison soyeuse, et, enfin, à la grosse goutte de liquide visqueux qu'il rend, il ne faut plus les changer de branches, parce qu'on courrait grand risque de désassembler les feuilles qu'ils ont déjà réunies, d'arracher les fils posés et de déranger les Vers, ce qui les porterait alors à abandonner leur cocon et à n'en plus faire. Rarement un Ver dérangé recommence à filer; il court de tous côtés en perdant sa soie le long des branches et finit par tomber ou se retirer à terre, où il se raccourcit et meurt. Quelquefois, il se change en une chrysalide atrophiée.

Pour éviter ce fâcheux résultat, on se contente d'appliquer avec beaucoup de précaution des branches fraîches trempant dans des vases d'eau nouvelle, afin de continuer à nourrir les Vers non encore prêts à filer. On glisse ces branches parmi les anciennes, sans blesser les chenilles, et chaque jour on opère de même, jusqu'à la récolte.

Il faut leur fournir alors environ le double de feuilles, au moins; car, lorsqu'ils n'en ont pas assez, chaque Ver qui file en occupant une ou deux, les autres, en continuant de manger, manquent bientôt de nourriture et viennent attaquer celles où sont commencés les cocons, ce qui les trouble et souvent même les détache des branches et les fait tomber. Un Ver qui file résiste peu à une chute; il périt immédiatement ou après avoir achevé son cocon.

Quand les Vers filent, on ne doit plus les arroser; ce serait jeter dans le cocon un excès d'humidité contraire à la santé du Ver ou de la chrysalide.

Si les cocons ont été commencés à peu près tous en même temps, on peut les laisser sur les branches jusqu'à ce qu'ils soient achevés; c'est-à-dire de quinze à vingt jours. Alors on les cueille avec des ciseaux, en y laissant adhérer les feuilles de chênes, et on les enfile cinq par cinq ou dix par dix, par la partie supérieure, c'est-à-dire la tête de la chrysalide en haut, et au quart environ de leur longueur (vers le point *a*, pl. I, fig. 5). Si on passait le fil à l'extrémité même du cocon, à l'endroit où il doit être percé, le papillon serait gêné dans sa sortie. On suspend les chapelets.

Si, au contraire, les Vers sont inégaux, il faut cueillir les cocons quatre ou cinq jours après qu'ils sont commencés, avec précaution, à l'aide de ciseaux, sans les remuer, sans arracher les feuilles qui y tiennent, et en leur conservant leur position verticale naturelle. Il faut surtout éviter toute secousse, qui pourrait contrarier, blesser ou déranger le Ver à l'intérieur. On suspend ces cocons non achevés ou isolément, au moyen de petits fils de fer recourbés qu'on accroche à une ficelle tendue en un lieu sec, aéré et ombragé, ou bien en les enfilant sans secousse par deux ou trois et en attachant ces petits chapelets à la ficelle tendue horizontalement.

L'éducation de la chenille est alors terminée. On a sa récolte de cocons.

Cocons. — Si l'on voulait utiliser industriellement les cocons, on n'aurait qu'à les dépouiller, quinze à vingt jours après qu'ils ont été commencés, de leur enveloppe de feuilles sèches, et à les livrer à la filature. Mais, si, comme il est probable, on réserve sa petite éducation pour le grainage, il faudra continuer à donner aux cocons des soins assidus, c'est-à-dire, à les préserver de toute cause de fermentation et de toute influence qui pourrait nuire à la chrysalide.

Habituellement, chez le *B. Yama-maï*, les mâles naissent avant les femelles, en sorte qu'on est exposé à perdre des mâles au commencement de la naissance des papillons et des femelles à la fin. Pour obvier à cet inconvénient, qui peut réduire notablement la récolte en graines, il faut égaliser les cocons, c'est-à-dire retarder les premiers faits et accélérer les derniers, afin de resserrer, autant que possible, les naissances dans un petit nombre de jours. A cet effet, les premiers cocons formés seront placés dans un lieu moins chaud, un peu frais, mais non humide ; tandis que les derniers seront conservés à une exposition méridionale. On les laissera toujours suspendus.

M. Chavannes conseille de retarder spécialement les mâles, puisqu'ils ont une propension à naître les premiers. Les chrysalides femelles, étant destinées à porter les œufs, doivent être naturellement les plus grosses, les plus lourdes. Pour séparer les deux sexes, il suffira donc de peser la masse des cocons, de déterminer le poids moyen d'un seul cocon, et de les peser ensuite un à un. Tous ceux qui dépasseront le poids moyen pourront être considérés comme des femelles ; tous ceux qui lui seront inférieurs seront jugés des mâles. Ce procédé paraît suffisamment approximatif à M. Chavannes.

Ainsi séparés, les cocons mâles au froid, les cocons femelles à une température plus élevée, on peut espérer de voir naître les uns et les autres simultanément. Mais je dois dire qu'en avançant simplement les derniers formés et retardant les premiers, sans distinction de sexe, j'ai toujours obtenu des éclosions suffisamment simultanées.

Lorsque approche l'époque de la naissance, qui a lieu vers le trente-neuvième ou quarantième jour, à dater du commencement du cocon, quelquefois un peu plus tôt ou plus tard, suivant la température, il faut les réunir et les disposer dans les appareils où doivent avoir lieu les mariages et le grainage. — On peut même, lorsque les cocons ne sont pas d'âge trop différents, les installer dès le vingtième ou le vingt-cinquième jour dans la cage oblongue (le deuxième appareil) que je décris dans le paragraphe suivant.

Papillons. — Grainage. — Si l'on n'a que quelques cocons, on peut employer l'appareil indiqué par M. Chavannes. Il consiste en un manchon cylindrique de gaze de coton, ayant pour longueur, la largeur de l'étoffe, c'est-à-dire environ 1 mètre, et, pour diamètre, $0^m,40$ à $0^m,50$. Ce manchon est soutenu à l'intérieur par trois cerceaux en fil de fer. On attache les deux extrémités près des cerceaux, de façon à former plutôt un plancher qu'un entonnoir, dans lequel le papillon pourrait s'engager au point de ne pas pouvoir ressortir. On ménage une petite ouverture, à l'extrémité supérieure, pour y introduire les papillons. Comme ces papillons n'éclosent que vers le soir, à l'approche de la nuit, on pourra les surveiller et les déposer dans le manchon avant qu'ils soient développés, de manière qu'ils demeurent tranquilles pour l'accouplement. Si l'on craignait que les papillons, en se débattant, ne dérangeassent les accouplements, ou bien si l'on voulait conserver leurs ailes assez intactes, il faudrait avoir plusieurs manchons et ne placer qu'un couple de papillons dans chacun. On pourrait, d'ailleurs, après les mariages, réunir toutes les femelles dans le même, pour la ponte.

Ces sacs ou manchons sont assez commodes, en ce qu'ils sont faciles à confectionner et qu'on peut les suspendre aisément à un arbre, afin que les papillons aient toujours de l'air pur pendant la nuit et de l'ombre pendant le jour. Mais je conseillerai d'employer de la gaze de couleur grise ou teinte avec du tan, et de faire le manchon progressivement plus étroit de haut en bas, afin que ses parois soient obliques, d'après le principe sur lequel j'ai basé l'établissement de la cage que j'ai imaginée et dont je vais donner la description.

Les manchons, en effet, ne peuvent être utiles que lorsqu'on a un nombre très-restreint de cocons. Si on en possède seulement un ou deux cents susceptibles d'éclore à peu près ensemble, il faudrait, d'abord, beaucoup de manchons, puis on serait tenu à une surveillance très-assidue sur les cocons, afin de ne pas laisser échapper les papillons, qui, ainsi que nous l'avons vu, naissent le soir, et sont très-vagabonds, pendant la nuit. Cette méthode me paraît donc défectueuse, et c'est pourquoi j'ai construit une cage qui répond à toutes les exigences et peut servir, avec une longueur variable, pour un nombre quelconque de cocons destinés au grainage.

Voici la description de cette cage, indiquée pour la première fois dans mon rapport à la Société d'acclimatation, sur mes éducations de 1864, pour lesquelles je l'avais employée. Elle m'a donné, depuis lors, d'excellents résultats. Plusieurs éducateurs m'ont aussi fait connaître que, l'ayant immédiatement adoptée, ils s'en étaient parfaitement trouvés et la considéraient comme le meilleur système de grainage.

Elle est formée d'un assemblage de châssis en bois tendus de canevas ou mieux de grosse mousseline un peu vieille et râpée, afin que le poil de l'étoffe ne gêne pas les papillons. Cette mousseline est écrue ou, mieux, trempée dans une décoction de tan, pour que sa couleur terne n'éblouisse pas les papillons et ne les effarouche pas ; le bois des châssis est teint de même avec du tan. Je dis du tan, parce que cette matière, provenant du chêne, m'a semblé ne pas devoir gêner, par son odeur, les précieux insectes que l'appareil devait renfermer. La cage est étroite et d'une longueur indéfinie, suivant la quantité de cocons qui doivent y être déposés. Le fond a environ $0^m,30$ de large, les côtés $0^m,50$ de haut et le couvercle de $0^m,55$ à $0^m,65$ de large. De cette façon, les côtés se trouvent dans une position oblique à la perpendiculaire, ce qui facilite singulièrement le repos des papillons, lorsqu'ils sortent du cocon et cherchent à grimper quelque part pour se baigner dans l'air en laissant développer leurs ailes, ou lorsque, pour l'accouplement, pour la ponte, ils veulent demeurer cramponnés à la mousseline qui leur facilite le passage de l'air. Les deux bouts de la cage sont également obliques.

J'ai remarqué que, lorsque la toile est perpendiculaire, les papillons, après avoir volé une nuit seulement aux parois de leur cage, effrayés ou poursuivis les uns par les autres et faisant de grands efforts pour y demeurer, ont perdu à peu près tous les crochets de leurs pattes; surtout les femelles qui, plus vite fatiguées, tombent au pied des parois, et meurent avant d'avoir achevé leur ponte, tandis que, si les côtés sont obliques et bien tendus, ces femelles, ayant le corps soutenu et soulagé, pondent plus facilement et sont encore très-vigoureuses lorsqu'elles se sont entièrement vidées.

Au couvercle, aussi en étoffe, j'ai ménagé, de distance en distance (de mètre en mètre), un petit regard ou porte en canevas de $0^m,20$ carrés, afin de pouvoir visiter, au besoin, l'intérieur de la cage et enlever les cocons vides et les corps des papillons morts ou de ceux qui, ayant fini leur temps, ne feraient que troubler les autres.

J'ai, de plus, suspendu à ce couvercle, dans l'intérieur, sur deux rangées également distantes entre elles et des côtés, des morceaux longs de $0^m,25$ et espacés de $0^m,30$ à $0^m,35$ d'une sorte de ganse de fil gris assez large, mais d'un tissu fort lâche, afin que les papillons puissent facilement s'y suspendre. J'ai constaté que les mariages s'y effectuaient avec beaucoup de facilité et que les femelles fécondées aimaient à y déposer leurs œufs. Aucun obstacle voisin n'y contrarie, en effet, le battement d'ailes qui, chez les femelles, accompagne la ponte, sans doute pour l'accélérer.

Je suspends aussi, à chaque bout, dans un coin, une grosse éponge imbibée d'eau, afin d'entretenir dans la cage la fraîcheur dont les papillons comme les chenilles ont un besoin absolu. Si la cage est très-longue, il en faut naturellement plusieurs, sur lesquelles on verse quelques gouttes d'eau de temps en temps.

Pour achever mes indications au sujet de ma boîte, j'ajouterai que les deux bouts en sont mobiles, c'est-à-dire fixés aux autres châssis avec des vis ou des crochets, afin de pouvoir débarrasser de temps en temps l'intérieur, de la grande quantité de duvet dont les papillons l'emplissent en se débattant. Pour cela, j'ouvre les deux bouts, lorsque tous les papillons sont au repos pendant le jour, et, à l'aide d'un soufflet puissant, je chasse avec précaution, tout le duvet qui s'est accumulé au fond de la boîte, et je le fais sortir par l'autre bout.

Dans une boîte construite comme je viens de l'indiquer, les accouplements et les pontes se font avec facilité, parce que, d'une part, les mâles sont toujours rapprochés de quelque femelle à cause du peu d'éloignement des parois, et que, d'autre part, les papillons se gênent fort peu les uns les autres; car, dès qu'un mâle rencontre des femelles occupées, au lieu de se debattre autour d'elles, il s'envole vers une autre partie de la cage et ne désunit pas les couples.

J'estime que, pour mille cocons, une boîte de 2 mètres et demi à 3 mètres de long serait parfaitement suffisante; mais je crois que, pour un plus grand nombre, la longueur de l'appareil pourrait ne pas s'accroître dans la même proportion, surtout si la naissance des papillons ne devait pas être resserrée dans le court espace de temps d'une à deux semaines.

Les cocons doivent être disposés, dans cette cage, par chapelets égaux en longueur à son petit diamètre. Ils sont donc attachés aux longs châssis latéraux, à peu de distance de leur base. Le fond de la boîte étant en canevas et l'air y pouvant passer parfaitement, les cocons pourraient au besoin toucher ce fond. Il sera mieux, toutefois, de les en espacer de quelques centimètres, pour que les ailes des papillons puissent se développer au-dessous, s'ils restent, en naissant, accrochés à leur cocon.

Sans doute, on pourrait encore les poser simplement sur le côté au fond de la boîte, et cette dérogation à la règle d'une bonne conservation n'en ferait, probablement périr aucun, pourvu qu'on ait eu soin de ne pas les placer les uns sur les autres. Mais je conseille plutôt de les enfiler, comme il a été dit précédemment (p. 65), au quart environ de leur hauteur, du côté de la tête de la chrysalide, et de les suspendre à un fil horizontal. Le cocon est ainsi bien mieux préservé de toute fermentation et la cage, d'ailleurs, devient plus portative.

L'appareil doit être placé dans un lieu aéré, assez chaud et ombragé. Comme c'est ordinairement au commencement d'août que naissent les papillons, on pourra l'établir en plein vent, sur des piquets qui le soutiendront en l'air, à l'ombre d'un grand mur ou d'un arbre, de façon que le soleil ne frappe jamais dessus. Le *B. Yama-maï* est, en effet, un papillon nocturne qui, dans la nature, se retire, dès que l'aube arrive, en un lieu obscur, et n'en sort qu'au crépuscule.

La cage devra être assez élevée de terre pour que les rats et autres animaux ne puissent y porter le trouble et le dégât. Les chats surtout sont à redouter : attirés par les battements d'ailes des papillons, qu'ils prennent pour des oiseaux ou toute autre espèce de proie, ils sont enclins à se jeter sur la cage et à la mettre en pièces pour s'emparer des papillons. Il sera donc prudent de l'établir sur des piquets en fer, à un mètre et demi au moins d'élévation.

Rarement il pleut dans le mois d'août; mais comme des

pluies abondantes nuiraient aux cocons en leur laissant une trop grande humidité, je dispose au-dessus de la boîte et dans le sens de sa longueur, une tringle ou baguette, sur laquelle je jette, en cas de pluie, un toit de toile cirée ou de papier goudronné, qui repose de chaque côté sur les angles supérieurs de la boîte en les dépassant un peu, pour protéger également les parois latérales.

N'employez jamais la toile métallique, au lieu du canevas, dans la confection des cages ou sacs. Outre que les papillons s'y briseraient promptement les crochets de leurs pattes, le métal pourrait encore se rouiller sous l'humidité dégagée par les œufs qui y seraient déposés, et exercer une funeste action chimique sur ces semences. En temps d'orage, aussi, son influence nuirait peut-être aux papillons.

Il faut bien se garder de faire grainer suivant une méthode conseillée, dans le temps, comme étant mise en pratique au Japon et qui consisterait à placer tous les cocons dans une chambre, puis à les y laisser tranquilles jusqu'à ce que la ponte fût achevée. D'abord les accouplements seraient infailliblement moins nombreux et la proportion des graines fécondées beaucoup moindre; ensuite, l'absence d'air renouvelé nuirait, sans aucun doute, à la santé des papillons et à la qualité du grainage.

Ce besoin d'air et de fraîcheur chez les papillons m'a été confirmé, en 1864, au commencement de la naissance des insectes parfaits. J'avais quelques cocons dans une chambre au midi, dont les fenêtres n'avaient pas été ouvertes depuis plusieurs jours; l'air y était sec et chaud; deux mâles naquirent vers cinq heures du soir, mais, n'ayant pu monter à la tapisserie pour se baigner dans l'air et n'ayant pas trouvé assez de fraîcheur, ils restèrent avec des ailes rabougries et difformes; ils moururent dès le lendemain. Tous les autres cocons, portés ailleurs, donnèrent des papillons parfaitement développés.

Les femelles ne déposent pas, comme celles du Ver du mûrier, toute leur ponte sur un même point; elles ne laissent pas, non plus, tomber leurs œufs en volant, ainsi qu'on avait prétendu que cela se passait au Japon. Elles les pondent par petits paquets de trois ou quatre sur un canevas ou à la surface d'un objet quelconque auquel ils s'attachent; mais, entre chacune de ces pontes partielles, elles volent un instant et battent des ailes pour faciliter et accélérer la sortie des œufs.

Récolte des graines. — Comme il est inutile de classer les semences par jour de ponte, puisqu'elles n'éclosent qu'au printemps et que, conséquemment, les chenilles toutes formées ne sont pas, pour la naissance, influencées par l'âge de l'œuf; comme d'ailleurs ces œufs n'ont rien à craindre de la température de l'été, on fera bien, avant de les récolter, de les laisser adhérents aux parois de la cage, afin de les maintenir pendant l'incubation, qui a lieu durant le mois qui suit la ponte, dans leur position naturelle et dans un repos aussi complet que possible. Je les laisse même passer une partie de l'hiver (jusqu'à la fin de janvier) sur les châssis de ponte afin de les entretenir dans un état complet d'aération. Après ce laps de temps, on pourra procéder à la récolte.

On se servira pour cela d'un grattoir ou couteau de bois, et on les détachera avec précaution pour ne pas les écraser bien que la coque soit résistante, mais parce qu'ils adhèrent fortement. On pourra les laisser tomber au fond de la cage, après quoi on n'aura plus qu'à les mettre dans des boîtes aérées et à les conserver en couches minces, comme il a été dit pages 35 à 37.

ÉDUCATION EN GRAND

J'ai décrit, aussi clairement que possible, les moyens qui me semblent les plus propres, d'après l'expérience acquise, à faciliter le succès d'une petite éducation de *B. Yama-maï*; je vais donner un aperçu du mode de procéder pour conduire une éducation en grand de ce précieux séricigène.

Je serai encore ici forcé de faire une distinction et de séparer l'éducation *pour graines* et l'éducation purement *industrielle et commerciale*. Il est indispensable, en effet, ainsi, que je l'ai dit depuis longtemps, et comme je n'ai cessé de chercher à le faire comprendre aux éducateurs du Midi, à propos des Vers à soie du mûrier, il est indispensable de soumettre à des procédés différents d'élevage les Vers qu'on destine à la reproduction et ceux dont on n'a pour but que de retirer de la soie.

Pour les premiers, en effet, on comprendra qu'il ne suffit pas que la chenille arrive à faire son cocon, même un beau cocon: il faut encore que, à l'intérieur, les chrysalides soient parfaitement formées et bien constituées, de manière à produire des papillons sains et robustes, qui pondent des graines d'excellente qualité; sans quoi, toutes les générations ultérieures peuvent être compromises, et l'on arrive tôt ou tard à des échecs, dont on n'aperçoit pas clairement la cause primitive. Il sera donc convenable, en vue du grainage, surtout pour le *Yama-maï* qui s'accommode encore assez mal de la domestication, de faire des éducations spéciales qui se rapprochent le plus possible des lois de la nature et qui puissent fournir des graines assez robustes pour donner, au besoin, pendant un an ou deux, des éducations industrielles bien réussies.

Quant à ces éducations industrielles ou commerciales, qui n'ont d'autre but que la soie, sans doute il est avantageux, nécessaire, de les entourer de soins minutieux, de ne pas négliger les bonnes règles d'hygiène, afin d'obtenir, par la robusticité des Vers, des cocons plus gros, plus chargés de matière; mais je veux dire que l'important, pour l'éducateur, n'étant pas la reproduction, il lui suffit que la chenille arrive à filer un bon cocon, et que pour cela, il peut, sans crainte, faire légèrement dévier l'éducation des lois hygiéniques fixées par la nature, pourvu que la graine soit de bonne qualité.

ÉDUCATION POUR GRAINES.

Les Vers doivent être, je le répète, rapprochés le plus possible de l'état sauvage; car il leur faut de l'air pur et de la nourriture parfaitement naturelle, c'est-à-dire, non altérée par l'absorption d'une quantité d'eau quelconque.

Si la température des nuits est assez douce, on devra les faire éclore sur les arbres. A cet effet, on choisira une étendue spéciale de taillis de chêne, suffisante pour nourrir, jusqu'à la deuxième mue, la quantité de Vers qu'on destine à ce genre d'éducation. On aura soin de bien secouer les branches, d'enlever les herbes d'hiver, et de labourer au pied pour purger le taillis des insectes qui s'y pourraient trouver en grand nombre; mais il faut surtout débarrasser les jeunes feuilles des nombreuses petites araignées vertes qui s'y logent au printemps et qui sont de cruelles et dangereuses ennemies pour les Vers naissants. Ces araignées ne tombant pas d'ordinaire par les secousses qu'on imprime aux branches, on promène sous la feuillée une écuelle, dans laquelle on fait brûler de la fleur de soufre sur les charbons incandescents. Le gaz acide sulfureux, en se dégageant, incommode les araignées, qui cherchent à s'enfuir, se laissent tomber et ne peuvent pas remonter, si l'on a soin de remuer la terre au fur et à mesure au pied des chênes, avec un râteau en la recouvrant d'une légère couche de cendre ou de sciure de bois imprégnée de coaltar (goudron de gaz). On peut encore enduire le tronc de chaque chêne d'une manchette de goudron.

Alors on met les œufs à l'éclosion, en suspendant aux bourgeons les plus développés des petites soucoupes en bois, percées de petits trous, pour laisser, au besoin, échapper l'eau de pluie.

Le taillis de chênes devra être hermétiquement couvert et

fermé de toutes parts par un treillage en fil de fer ou par un
simple filet, afin d'empêcher les oiseaux ou animaux non pas
tant d'aller manger les Vers naissants (car ils sont en général
trop petits pour être aperçus), que de faire tomber les œufs
en remuant trop violemment les rameaux. Cet appareil peu
coûteux évitera une surveillance assidue. Il suffirait même, pour
obvier à ce dernier inconvénient, d'humecter le fond de la soucoupe avec un peu de colle-gomme, avant d'y verser les graines
à éclore. Celles-ci, en s'y attachant, ne pourraient plus être
renversées par le vent.

Quand le Ver est éclos, la pluie ne lui porte aucun préjudice.
Il s'installe presque immédiatement sous une petite feuille et
ne se trouve nullement incommodé par l'état de l'atmosphère.
J'ai eu des Vers qui, placés dès le jour de leur naissance, sur
des chênes taillis de mon enclos, en plein air, y ont supporté,
aussitôt après, quarante-huit heures de pluies torrentielles, sans
en être aucunement gênés, sans que leur développement en fût
arrêté. Un abaissement de température ne leur est même pas
absolument contraire ; car ils ont eu quelquefois, au même âge,
à subir, la nuit, de petites gelées blanches sans en souffrir. Si,
cependant, la gelée paraissait devoir être trop forte, il faudrait
couvrir, le soir, le petit carré de chênes avec un **drap** ou un
paillasson léger, soutenu par des piquets ou des tringles ; on
l'enlèverait le lendemain matin.

Lorsque la température extérieure ne permet pas de procéder
à l'éclosion en plein vent, ou lorsqu'on ne peut retarder la
naissance des œufs de quelques jours, de manière à attendre des
conditions climatériques plus favorables, on doit faire éclore,
ainsi que nous l'avons dit page 58 et suivantes, en chambre
aérée, sur chênes en pots, ou, à défaut, sur branches coupées,
mais en apportant, pour ce dernier mode, des soins encore
plus scrupuleux dans la régularité des changements de nourriture.

Après la première ou la deuxième mue, suivant l'état de la

température, pour les Vers éclos en chambre, et seulement après le deuxième réveil, pour ceux nés en plein vent, il faut les disséminer sur le taillis où ils doivent rester jusqu'à la fin de l'éducation. On a soin de n'en pas placer une trop grande quantité, pour que la feuille leur suffise jusqu'au coconnage, avec la réserve encore du nombre de feuilles qui leur sera nécessaire pour envelopper leurs cocons.

On a dû nettoyer convenablement ce taillis des herbes et broussailles qui pourraient receler des ennemis, et purger, autant que possible, le feuillage des insectes nuisibles ; mais les petites araignées n'ayant plus de prise sur les Vers, à cet âge, on peut se dispenser de les expulser au moyen de la fumée sulfureuse.

Il est bon de ne pas arracher les herbes qui repoussent après la première préparation du terrain, parce que les Vers, étant plus gros, n'ont plus guère à redouter les insectes, tandis qu'ils trouvent dans les herbes, pendant le jour, à mesure que les arbres se dégarnissent de feuilles, la fraîcheur et l'ombre qui leur sont indispensables.

On couvre alors tout le taillis d'un filet à mailles assez serrées pour arrêter les oiseaux, ou bien on constitue un gardien spécial, qui les écarte depuis le commencement de l'aube jusqu'après le crépuscule sans interruption, et on laisse les Vers se développer naturellement, à l'état sauvage, en ayant soin, toutefois, de les arroser dans les journées de grande chaleur.

Un tel mode d'éducation donne des cocons admirables, que l'on cueille avec précaution pour les suspendre, ainsi que nous l'avons dit, soit dans une chambre d'attente aérée, soit immédiatement dans la boîte d'éclosion décrite p. 68. Cette cage serait alors placée dans un lieu aéré, à l'abri de la pluie.

ÉDUCATION INDUSTRIELLE.

1° *Sur taillis, en plein vent.* — Ce mode d'éducation est le même que le précédent, sur des bases beaucoup plus larges.

Au lieu de n'avoir en exploitation, pour les derniers âges du Ver, que quelques ares de taillis, on en a des hectares; on conçoit que, dès lors, les précautions ne peuvent pas être aussi minutieuses et que, dans le résultat, il faut faire la part du déchet naturel.

Les éclosions peuvent avoir lieu par l'un des trois modes indiqués au chapitre précédent, sur taillis en plein vent, sur chênes en pots ou sur branches coupées; mais, pour ce dernier cas, comme les Vers doivent être innombrables, on peut employer l'appareil d'éclosion et d'éducation que je décris pour la méthode suivante. (Voy. 2°.)

Après le premier ou le deuxième réveil, suivant la température de la saison, on les dissémine sur les taillis de chênes qu'on a dû nettoyer des herbes et broussailles ; puis, comme probablement on ne voudra pas faire la dépense d'un filet de plusieurs hectares d'étendue, on devra faire garder le bois jusqu'à la fin de l'éducation. Au Japon, les gardiens promènent des épouvantails dans les sentiers du bois et tirent de temps en temps des coups de fusil, pour éloigner les oiseaux. Dans l'avenir, quand les bois de chêne seront couverts de chenilles de *Yama-maïs*, les oiseaux ne pouvant plus faire dans ces cultures qu'un dégât inappréciable, les gardiens deviendront sans doute inutiles.

On cueille les cocons quinze jours environ après qu'ils ont été commencés et on les envoie immédiatement à la vente ou à la filature, parce que, à partir de ce moment-là, ils diminuent assez rapidement de poids, ce qui serait une perte d'argent pour l'éducateur.

2° *Sur branches coupées.* — Ce mode d'éducation est le même que celui indiqué pour l'éducation expérimentale, p. 55 ; mais, comme ici on a des masses de chenilles, il faut employer une méthode plus simple, plus expéditive, et se moins préoccuper des quelques Vers qu'on aura nécessairement à sacrifier, lorsqu'ils contrarieront la marche normale et générale de l'éducation. Les appareils doivent donc être un peu modifiés.

Pour l'éclosion, au lieu d'entourer les boîtes à graines de bouquets de feuilles trempant dans des vases, ce qui multiplierait trop les appareils, on peut organiser un grand baquet couvert de deux planches espacées l'une de l'autre de $0^m,01$ à $0^m,1$ 1/2 environ et percées de nombreux trous correspondants, comme il est dit plus haut ; on dispose sur cette double planche les boîtes à graines, posées sur des supports, de façon à les entourer de branches feuillées dont le pied plonge sous le couvercle dans l'eau du baquet.

Ces boîtes doivent être en carton léger ou en bois, et percées de trous, afin de laisser échapper l'excédant d'eau qu'on y verse pour humecter les œufs. Si elles ne sont pas trouées, il ne faut pas trop mouiller les graines. Les bords doivent en être très-peu élevés : un demi-centimètre environ suffira. Autant que possible, les branches et les feuilles de la nourriture reposeront sur ces bords et sur les œufs mêmes, pour recueillir facilement les Vers.

On peut planter de nouvelles branches fraîches à côté des anciennes, dans les trous de la planche, avant d'enlever ces dernières. Au bout de quelques heures, celles-ci, rongées et abandonnées par les Vers, pourront être enlevées sans peine et avec une moins grande dépense de temps. Un petit nombre seulement de Vers retardataires resteront à changer avec les ciseaux.

Les chenilles seront égalisées, autant que possible, afin que, l'époque de la mue étant la même pour tous, on ne coure point risque d'en blesser un grand nombre en les changeant pendant le sommeil.

Il faut suivre, du reste, dans toutes les phases de ce mode d'élevage, les recommandations indiquées pour l'éducation expérimentale au rameau.

Au fur et à mesure que les Vers grandiront, on augmentera la surface du baquet ou on en placera plusieurs à côté les uns des autres, de manière à former une sorte de table large de 1^m,20 à 1^m,50, et d'une longueur indéfinie. On pourra ainsi changer facilement les Vers, en se plaçant une personne de chaque côté. On pique d'abord les branches fraîches à un bout inoccupé de cette table, sur toute sa largeur et sur une longueur de 0^m,20, puis, au fur et à mesure qu'on enlève les vieilles branches et qu'on fait tomber à l'aide des ciseaux les Vers ou les bouts de ces branches sur la nouvelle feuillée, on avance en piquant de nouvelles branches à la suite des premières. Au pansage suivant, on procède en sens inverse de la longueur de la table, en sorte qu'on dispose toujours d'un espace libre pour commencer l'opération. A mesure que les Vers prennent du développement, on ajoute un baquet.

On doit changer l'eau des baquets tous les jours ou au plus tard tous les deux jours. Cette opération est facile, s'ils sont pourvus inférieurement d'un robinet ou d'une ouverture pour l'écoulement de l'eau viciée.

Dès la naissance ou après le premier âge, suivant la température, on peut mettre les Vers en plein air ; on le doit, après le deuxième âge, sous peine de perdre la récolte.

Il est bon, mais non indispensable, pour prévenir autant que possible toute cause d'accident et d'échec, d'établir, pendant le premier âge, les baquets sous une espèce de hangar fait de paillassons légers ou de toile d'emballage reposant sur une charpente sommaire. Cet abri sert à protéger les tout jeunes Vers des trop grandes pluies, du soleil de la journée ou du froid de la nuit. Le hangar est ouvert de tous côtés ; seulement on peut ajouter, en cas de besoin, quelques rideaux de grosse toile ou de paillassons, sur les côtés exposés au midi ou au nord, lorsqu'on a à protéger ses élèves contre un soleil trop ardent ou un froid trop vif.

Si les Vers sont assez gros et si la température est décidément douce, on peut même enlever, pendant la nuit, les paillassons qui servent de toiture ; mais il est bon de préserver les chenilles jusqu'au dernier âge des grandes chaleurs. Dans le centre, où la douceur du climat rend inutiles les précautions contre le froid, on peut simplement établir les baquets à l'ombre d'un grand arbre d'odeur nulle ou inoffensive.

Quand on arrive à l'époque du coconnage, il faut donner beaucoup plus de feuilles et tenir les Vers plus espacés. On fera bien même de cueillir avec précaution les cocons ou la branche à laquelle ils adhèrent, quatre ou cinq jours après qu'ils auront été commencés ; on les suspendra alors, par un petit crochet en fil de fer, à des cordes tendues à l'ombre.

Ce système a l'avantage de permettre à l'éleveur de nourrir un très-grand nombre de Vers sur un espace restreint ; car l'éducation durant de cinquante à soixante-dix jours, en admettant qu'on change les feuilles tous les jours pendant les deux premiers âges, et tous les deux jours après la deuxième mue, cela fait environ une trentaine de fois qu'on renouvelle la nourriture, et comme on dispose les branches d'une manière bien plus dense qu'elles ne le sont dans la nature, on n'occupe, pour toute la vie d'un même nombre de Vers, que la trentième partie au plus de l'espace qui serait nécessaire si l'on en faisait l'éducation sur taillis depuis la naissance.

Mais il faut dire, dès à présent, comme je le répéterai ailleurs, que ce genre d'élevage est loin d'être aussi favorable à la santé du Ver que celui sur chênes vivants, et qu'il me semble indispensable d'en limiter l'emploi aux récoltes industrielles, les éducations pour graines devant toujours être faites sur arbres vivants.

3° *Sur claies, sous hangars.* — Il sera peut-être avantageux aussi, pour économiser l'espace, d'élever le *Yama-maï,* si l'on arrive à le domestiquer suffisamment, à peu près comme le Ver du mûrier.

La facilité avec laquelle il supporte les fluctuations de l'atmosphère sera ici, je crois, un puissant auxiliaire et assurera vraisemblablement le succès. Les Vers, en effet, ne craignant pas la fraîcheur nocturne de notre climat, on pourra leur donner toute l'aération nécessaire et les établir sur des claies à jour, sous des hangars qui les abriteront contre la pluie et le soleil.

Quatre ou cinq étages de ces claies superposées pourront nourrir des masses de Vers, et comme l'air pur se jouera constamment autour d'eux, il est probable qu'ils ne s'en trouveront point incommodés.

La feuille qu'on leur donnera devra nécessairement être coupée, cueillie, afin de ne pas surcharger les chenilles ; on pourrait cependant leur donner de petits rameaux, pour que les feuilles conservent plus longtemps leur fraîcheur.

J'ai essayé ce mode d'élevage sur une très-petite quantité de *Yama-maïs*, et j'ai réussi. Les Vers étaient toujours à l'air, et, après le 2ᵉ âge, je leur donnais cinq fois par jour de la nourriture fraîche. Cette feuille quand elle est bien développée, est assez charnue pour se conserver fraîche, comme celle du mûrier, pendant un jour au moins. Mais lorsqu'elle est toute jeune, c'est-à-dire dans les deux premiers âges du Ver, on peut craindre qu'elle ne se fane trop vite. Il faudrait donc que les éducations se trouvassent à côté même des chênes, sur lesquels on pût cueillir la feuille au moment de la donner à manger.

Une telle méthode pourra-t-elle s'appliquer à une grande agglomération de Vers, entrer dans la pratique industrielle ?... C'est ce que je ne puis savoir encore, n'ayant expérimenté que sur une très-petite échelle. Mais j'ai cru devoir faire mention de cette tentative, afin que d'autres éducateurs puissent la renouveler avec prudence ; car le succès ne manquerait pas d'importance pour l'emploi de la feuille des arbres isolés.

OBJECTIONS — DIFFICULTÉS

INCONVÉNIENTS DES ÉDUCATIONS EN PLEIN AIR

De même que toutes les cultures sont soumises à certaines éventualités , à des causes de déchet naturel , de même celle du *B. Yama-maï* présente, suivant le mode d'éducation adopté, des inconvénients plus ou moins sérieux, que l'on se plaît, il faut le dire, à exagérer, mais dont il faut toutefois tenir un compte réel. J'en ai déjà parlé dans le cours de ce qui précède et j'ai indiqué les diverses précautions à prendre pour y remédier ; je les résume ici en un chapitre spécial.

Dans l'éducation en chambre, sur branches coupées, la principale difficulté est de fournir toujours aux Vers une aération complète, suffisante, ainsi qu'une nourriture fraîche et nullement viciée par l'eau dans laquelle trempent les branches. Tout est là. Mais quelquefois la température extérieure rend la chose difficile.

Pour les éducations en plein air, bien des objections ont été soulevées. Des inconvénients se présentent, il est vrai, dans la pratique, des ennemis se tiennent prêts à assaillir les Vers, quand ceux-ci sont peu nombreux. On doit user alors de précautions multipliées. Mais il n'est pas de récolte qui ne soit exposée à de nombreux dangers, surtout lorsqu'elle est relativement restreinte, et, tout en apportant des soins incessants, il faut faire la part du déchet naturel.

L'état de l'atmosphère. — Le froid au dessous de 8 à 10 degrés centigrades, paraît contraire aux Vers du premier âge, bien qu'ils aient supporté, chez moi, de petites gelées blanches. Lors donc qu'on les a fait éclore sur les arbres et qu'on ne peut les rentrer pendant les nuits trop froides, on peut tendre, au-dessus d'eux et sur les côtés d'où vient la bise, des paillassons légers ou des toiles grossières.

Le vent tiède n'est pas nuisible aux éducations sur arbres vifs, parce que les plants sont suffisamment fixés au sol, et que les Vers sont munis, à chacune de leurs dix pattes membraneuses, d'un triple rang de 25 petits crochets, soit 750 ; mais pour les éducations sur rameaux on doit prendre garde qu'il ne les renverse. Il faut donc abriter les baquets, si le vent est trop fort, ou, si l'on se sert de vases attacher à 50 centimètres de hauteur les faisceaux de branches avec trois cordes amarrées à des piquets fichés en terre.

Les pluies même abondantes ne leur font que du bien, du deuxième au cinquième âge et, dès le premier âge, j'ai eu de jeunes Vers supportant parfaitement des pluies tièdes de quarante-huit heures. Mais si ces pluies sont fortes et froides au commencement de l'éducation, il y aurait des pertes à craindre. — De même si une pluie persistante se montrait à l'époque où les Vers commencent à filer, l'excès d'humidité en ferait périr plus d'un dans le cocon inachevé.

Le soleil ardent est encore plus dangereux, pendant le jour, s'ils n'ont pas un feuillage touffu pour s'y mettre à l'abri. On y remédie, soit en les plaçant à l'ombre d'un mur ou d'un arbre, soit en étendant au-dessus d'eux un paillasson ou une toile, et en les arrosant une ou deux fois pendant les chaleurs de la journée.

Une insolation trop forte en plein air ou une chaleur trop

étouffée en chambre peut leur donner facilement la pébrine.

Les insectes. — Les fourmis sont aussi très-dangereuses. Si elles se mettent dans un arbre couvert de chenilles, leurs innombrables bataillons, rapidement disséminés sur toutes les branches, en rendent presque impossible le nettoyage. Elles attaquent alors et tuent les Vers, dans les premiers âges, au moment des mues pendant qu'ils sont maladifs et engourdis. — On écarte préventivement ces hôtes incommodes en répandant autour des vases, au pied des bouquets ou des arbres, de la sciure de bois imprégnée de coaltar; et en entourant le tronc des arbres ou des branches qui portent les vers avec du crin imbibé de la même substance. On a soin, d'ailleurs, d'isoler complétement les arbres ou les rameaux de tout autre végétal ou objet étranger, par où les fourmis pourraient avoir accès sur les feuilles servant aux éducations.

Les araignées sont les plus voraces, les plus dangereux des ennemis du *Yama-maï*, pendant le premier âge. Les petites arachnides vertes ou verdâtres, qui habitent les jeunes feuillages du chêne au printemps, peuvent détruire en peu de temps beaucoup de Vers dont elles ne font qu'aspirer le sang avant d'abandonner le corps. On s'en débarrasse, comme nous l'avons dit, en faisant passer une ou deux fois de la fumée de soufre dans la feuillée, avant d'y placer les Vers, puis en remuant le sol avec un râteau pour les enterrer, ou en le couvrant avec de la sciure de bois imbibée de coaltar. Dans ce cas, avant de placer les Vers sur les feuilles, et s'il n'est pas tombé d'eau depuis qu'elles auront été fumées au soufre, on devra arroser abondamment les chênes avec une pompe à main, pour dissoudre et enlever le gaz acide sulfureux, qui s'y serait attaché et tuerait les chenilles.

Les forficules ou perce-oreilles sont des insectes qui s'introduisent quelquefois dans le cocon au moment où le Ver va le fermer et qui tuent ce dernier quand il est près de se chrysalider, ou qu'il est trop engourdi pour pouvoir se défendre. Elles ne sont pas, heureusement, fort nombreuses dans la nature ; et, d'ailleurs, elles sont presque sans effet sur le Ver du chêne qui ferme rapidement son cocon aux deux bouts.

Les guêpes, qui, par leur voracité, sont les ennemis les plus redoutables pour la deuxième éducation du *Cynthia*, ne sont point à craindre pour le *Yama-maï*, parce que, ce Ver n'ayant qu'une génération par an, a achevé son éducation du 15 au 25 juin, tandis que les guêpes ne font guère leur apparition qu'à la fin de juillet ou au commencement d'août. — Si cependant on voulait les détruire, on n'aurait qu'à placer dans une carafe du miel étendu d'eau, à enduire de cette substance le bord et l'intérieur du goulot, et à placer ce vase dans un lieu fréquenté par les ennemis. Attirés par l'odeur du miel, ces insectes voraces accourent en foule, et, après avoir mangé le miel qui sert d'appât extérieur, ils pénètrent dans la carafe, et, ne pouvant plus ressortir, se noient dans le liquide. Des centaines trouvent ainsi la mort en peu de temps.

Les hannetons ne sont point de véritables ennemis, mais ils peuvent devenir indirectement dangereux, en dévorant toute la feuille de chêne destinée aux Vers à soie. On voit souvent, en effet, dans les campagnes, des arbres complétement dépouillés de feuilles et sur lesquels les chenilles qu'on y eût déposées au printemps, seraient bientôt mortes de faim. Mais comme le *Yama-maï* doit être élevé sur des taillis et non sur de grands arbres, on pourra préserver ses éducations de l'invasion de ces coléoptères, en laissant dans le bois taillis, à des distances plus ou moins rapprochées, des baliveaux, c'est-à-dire, des chênes plus élevés, autour desquels les hannetons, qui, comme on le sait, affectionnent les hautes futaies, se réuniront en grand nombre. Les taillis se trouveront ainsi épargnés.

Puisque je parle des hannetons, je vais tout de suite répondre à une double objection qu'on m'a faite. On a craint que les chênes ne puissent supporter, chaque année, la perte de leurs feuilles provenant de la première pousse, et que les Vers, en broutant ces feuilles, surtout pendant le dernier âge, n'entament le bourgeon et n'anéantissent la pousse ultérieure. Or, ces deux appréhensions sont sans fondement.

A la dernière, je répondrai que le *Yama-maï* dévore, il est vrai, la feuille entière et même son pétiole jusque près de la branche, mais qu'il laisse intact l'œil qui se trouve à l'aisselle de cette feuille et qui, non développé, est encore invisible à l'époque où les Vers ont déjà cessé de se nourrir.

A l'égard de l'autre, je dirai que le chêne ne souffre pas d'être privé momentanément de toutes ses feuilles, et ce qui le prouve, c'est précisément le dégât dont nous venons de parler, à propos des hannetons, qui peuvent dépouiller complétement un arbre, sans que jamais sa végétation en ait à souffrir. La pousse d'automne répare toujours la perte éprouvée au printemps.

Les oiseaux. — A côté des insectes, on doit placer, comme ennemis, tous les oiseaux insectivores et la plupart des granivores qui ne laissent pas que d'être friands de certaines espèces de chenilles.

Il ne faut cependant pas considérer ce danger comme un obstacle insurmontable.

Je l'ai dit, il y a plusieurs années déjà, dès l'apparition en France des nouveaux Vers à soie susceptibles d'être élevés en plein air, à l'état sauvage, c'est ici l'histoire de l'introduction du blé chez nous. Si vous semiez quelques grains de blé dans un jardin, à proximité des habitations où les moineaux pullulent, vous n'obtiendriez pas une graine ; tous les épis seraient dévorés avant maturité ; tandis qu'aujourd'hui, dans les campagnes, les oiseaux ne prélèvent sur les récoltes de céréales qu'un impôt inappréciable. Il en sera de même pour le *Yama-maï.* Tant que les Vers seront élevés, comme essais, près des maisons, il faudra les surveiller ou les abriter contre toutes les chances possibles de pertes ; mais dès qu'on aura assez de graines pour les élever en grand, dès que les arbres d'une con-

trée seront couverts de ces belles chenilles, les oiseaux ne cau-
seront plus aux récoltes qu'un très-faible préjudice : les **Vers**
auront vaincu par le nombre.

Les becfins et surtout les mésanges sont assez incommodes
dans les troisième et quatrième âges. Celles-ci surtout sont d'une
grande voracité; elles trouent même le cocon, un jour après
que le Ver s'y est enfermé, afin d'enlever l'insecte. On arrive à
détruire ces oiseaux qui, en général, ne vivent pas par troupes
nombreuses. Les moineaux et quelques autres gros becs, quoique ordinairement effrayés par les brusques contractions de
notre Ver aux quatrième et cinquième âges, trouvent souvent le
moyen de leur casser la tête d'un coup de bec. C'est pendant
le temps des nids, alors que les petits réclament une nourriture
abondante, que les oiseaux sont naturellement le plus à craindre auprès des habitations. Pour garantir complétement ses
éducations, on devra les recouvrir *entièrement* d'un filet à
mailles assez serrées ou bien établir un gardien, qui, en tirant
de temps en temps quelques coups de fusil et en tuant quelques
oiseaux, qu'il suspendra comme épouvantails, parviendra facilement à éloigner les autres. Mais il devra se lever de bonne
heure, car à peine l'aube paraît-elle, que les oiseaux sont arrivés. Au reste, après les premiers jours, les ennemis seront
assez effrayés pour se tenir d'eux-mêmes à l'écart, et d'ailleurs,
la surveillance n'est utile que pendant une quarantaine de
jours. — Or, un gardien peut protéger à lui seul au moins un
ou deux hectares.

TRANSPORT DU B. YAMA-MAI

SOUS SES DIVERS ÉTATS

Quelques précautions doivent être prises, lorsqu'on a à
transporter ou à faire voyager le *Yama-maï*. Elles ont toujours pour but de ne pas priver l'insecte, quelle que soit la phase

de sa vie qu'il traverse, de l'aération qui lui est indispensable.

Œufs. — On transporte ou on expédie les œufs par la poste, du mois d'octobre à la fin de février, dans des boîtes de fort carton ou mieux de bois percées de nombreux trous. Pour empêcher les secousses trop violentes, si la boîte est proportionnellement trop grande, on peut enfermer les œufs dans un petit morceau de canevas. Le froid semble ne pas leur être contraire ; mais si on ne les fait circuler qu'en mars, il faut prendre garde que la température ne soit pas plus haute que 10 degrés centigrades, sans quoi on courrait risque de les faire éclore en route.

Quand on les expédie au moment de l'éclosion, on introduit les œufs dans une petite poche de canevas, ainsi que le bourgeon feuillé d'une courte branche de chêne, dont le pied est piqué dans un morceau de pomme de terre crue. Cette pomme de terre est solidement assujettie au fond de la boîte. Si les Vers éclosent en route, ils trouvent à leur portée de la nourriture fraîche, et attendent sans souffrir leur arrivée à destination.

Chenilles. — Pour transporter au loin les chenilles avec soi, on n'a qu'à les placer sur un rameau de chêne dont le pied plonge dans une bouteille d'eau.

Si on veut les expédier par la poste, il faut attacher des branches fraîches, piquées dans des pommes de terre, au fond d'une boîte aérée par des trous, et placer sur les feuilles des Vers jeunes pour que leur poids ne les expose pas à tomber ; ou mieux, il faut saisir le moment où ils viennent de s'endormir de la première ou de la deuxième mue, suivant la longueur du trajet, et attacher solidement les branches auxquelles ils sont fixés, au fond d'une boîte aérée, en ayant soin de les disposer de manière qu'ils ne puissent être blessés. J'en ai ainsi expédié dans toute la France et même à l'étranger. Quand ils se réveillent, ils sont arrivés.

Pour les expédier par le chemin de fer, on dispose, dans une boîte de bois, garnie sur deux côtés au moins de toile métal-

lique, des branches fraîches de chêne, dont le pied trempe dans
de petits flacons pleins d'eau, et solidement attachées aux parois
de la caisse. Le goulot des flacons est hermétiquement clos avec
du linge ou de la cire molle. On place des Vers sur ces branches avant de fermer la boîte.

Cocons. — Il ne faut les faire voyager que vingt jours au
moins après qu'ils ont été commencés, afin de ne pas blesser la
chrysalide qui n'est pas formée ou dont les téguments sont encore trop délicats.

On peut les emballer dans des boîtes peu élevées et percées
de nombreux trous. On en superpose deux ou trois couches,
au plus, afin d'éviter la fermentation. On emploie, pour les
assujettir, des rognures de papier, qui facilitent la circulation
de l'air.

Papillons. — Autant que possible, on ne doit pas faire voyager
les papillons. Il est probable que le défaut de tranquillité empê-
cherait les accouplements. Si l'on avait à expédier, à des distances
rapprochées, quelques mâles ou femelles, il faudrait les enfermer
dans une boîte de bois garnie en partie, sur les côtés, de fort
canevas intérieurement, et de toile métallique en dehors, puis
les adresser par le chemin de fer. Ce mode de transport leur
assurerait une aération dont ils ne jouiraient pas par la poste.

PRODUIT INDUSTRIEL

DU COCON

Le cocon du *B. Yama-maï*, est, comme nous l'avons vu, celui qui se rapproche le plus du cocon du mûrier. Sa couleur d'un beau vert jaunâtre et son admirable forme le placent à côté, très-près de son rival. Il lui est même supérieur en poids, puisqu'un cocon femelle du chêne, avec sa chrysalide, pèse en moyenne de 7 à 8 grammes, tandis que le cocon du mûrier ne pèse que 2 grammes 1/2 à 3 grammes.

La quantité de matière soyeuse est dans la même proportion plus considérable. En effet, un cocon vide de Ver du chêne, c'est-à-dire, l'enveloppe soyeuse seule, pèse de 70 à 80 centigrammes, tandis que celle du Ver du mûrier ne pèse que de 25 à 35 centigrammes.

La quantité de soie est donc représentée, par le *B. Yama-maï*, comme par le *B. Mori*, à peu près par le dixième de son poids ; il faudrait 10 kilogrammes de cocons frais pour faire 1 kilogramme de soie ; mais on doit tenir compte du poids de la gomme qui unit les brins du cocon, et du déchet produit, au dévidage par la difficulté de trouver le bout de la soie à sa surface et par l'impossibilité de dévider la couche la plus interne. L'eau vient, en effet, l'emplir et l'entraîner au

fond, ce qui fait casser le fil. Ces pertes exigeront sans doute
12 kilogrammes de cocons pour 1 kilogramme de soie ; c'est,
en général, la proportion admise pour le Ver à soie du mûrier.
Toutefois la base de rendement ne peut pas être encore établie
avec certitude, parce qu'on a récolté trop peu de cocons pour en
sacrifier un grand nombre, afin de les livrer à la filature avant
l'éclosion des papillons. Ce n'est qu'après avoir opéré sur
une assez grande masse qu'on pourra établir des chiffres défi-
nitifs.

Mais on entrevoit dès à présent, ce nous semble, que, dans
l'avenir, la comparaison sera particulièrement avantageuse
au *Yama-maï*, parce que les cocons de cette espèce auront
l'enveloppe d'autant plus épaisse, d'autant plus riche en matière, qu'ils auront été obtenus plus complétement en plein
air, et que, d'ailleurs, ces cocons étant plus gros, plus lourds
que ceux du mûrier, les déchets de filature dont nous venons
de parler se répartiront sur un moins grand nombre d'en-
veloppes et deviendront nécessairement moindres en proportion.

Le cocon se dévide avec la même facilité que celui du mûrier. Si on le plonge dans l'eau bouillante, la matière aggluti-
nante se ramollit, se dissout en partie, et, sitôt qu'on a trouvé
le bout, le dévidage peut s'effectuer sans interruption jusqu'à
la fin, car au fur et à mesure qu'une couche de fils s'enlève,
celle qui est immédiatement au-dessous se dégomme sous l'action de l'eau chaude.

Les couches extérieures du cocon ont toujours le brin un peu
plus grossier et plus ou moins jaune ou verdâtre ; le fil des
couches internes est plus fin et d'un blanc d'argent magnifique ; aussi pourrait-on diviser le dévidage en deux opérations,
dont l'une comprenant les seules couches intérieures, donnerait
la qualité la plus belle et la plus abondante.

DE LA SOIE

La soie du *Yama-maï* est, de l'avis des hommes les plus compétents, susceptible d'acquérir les mêmes qualités que celle du mûrier, lorsqu'elle aura été soumise aux mêmes préparations. Elle a un brillant à peu près égal ; elle a autant de souplesse et d'élasticité après décreusage ; elle est peut-être d'un brin un peu moins fin, mais les grands filateurs du Midi ne considèrent pas cette différence comme un signe d'infériorité : en effet, disent-ils, tandis que nous dévidons le Ver du mûrier à huit ou dix cocons, nous déviderons le *Yama-maï* à deux ou trois brins et nous obtiendrons un fil aussi fin et plus régulier, puisque le brin étant plus fort cassera moins souvent.

La soie du *Bombyx Yama-maï* doit donc occuper le premier rang après celle du mûrier. Il est possible que dans beaucoup de cas elle soit susceptible d'être employée à la place de sa rivale ou en association avec elle, et que, lorsque nous serons parvenus à la produire sur une grande échelle d'exploitation, elle pourra suppléer à l'insuffisance de nos récoltes de soie du mûrier. La teinte vert très-clair qu'elle a naturellement ne saurait être un obstacle à sa teinture en toutes nuances, car elle disparaît au décreusage et devient blanche.

Les témoignages de toutes les personnes qui ont vu ou qui voient de près les produits du Ver du chêne, sont aussi concluants et suffisent à prouver que cette belle espèce deviendra avant peu, aussitôt que la production en sera suffisamment abondante, la sœur de celle qui provient du végétal appelé par nos pères *l'arbre d'or*.

Veut-on cependant corroborer ces appréciations par des preuves plus convaincantes, plus authentiques ? Voici des renseignements que me fournit une lettre publiée dans la *Revue de Sériciculture comparée*, année 1865, page 39 :

Quelques balles de soie de *Yama-maï* avaient été achetées, à Yoko-Hama (Japon), au prix de 550 piastres le picul. Comme le picul est de 60 kilogrammes et que la piastre vaut 6 francs, il en résulte que les gréges de *Yama-maï* se seraient vendues, sur le lieu de production, 55 francs le kilogramme.

Malgré les arrivages, le prix des soies ordinaires était, à Yoko-Hama, de 600 à 612 piastres le picul, ce qui fait de 60 à 61 francs le kilogramme.

On voit donc que dans les pays de provenance, les deux soies ont presque identiquement la même valeur, et je ne serais pas étonné que ce faible écart fut dû à quelque circonstance accidentelle, exceptionnelle, à l'arrivage, par exemple, sur le marché de Yoko-Hama, ainsi que le démontre le document cité, de 2 à 3,000 balles de soie du mûrier, à la suite de la levée par le gouvernement japonais de quelques restrictions de commerce. Le prix des soies devrait donc être rehaussé dans une certaine proportion, pour représenter à peu près son cours normal au Japon.

Ce qui vient appuyer cette opinion, c'est le chiffre mentionné par M. Pompe van Meerdervoort, dans la courte notice qui accompagnait son premier envoi d'œufs en France.

« La soie des ces Vers sauvages (B. Yama-maï), dit-il, est « très-estimée au Japon, où elle est employée pour les parties « blanches, dans les crêpes de soie japonais si recherchés en « Europe.

« Le prix de cette soie monte, au Japon, de 800 à 900 dol-« lars mexicains le picul, ce qui équivaut à peu près à 4,500 « ou 5,000 francs le picul, ou 153 livres anglaises. » C'est-à-dire, de 75 à 83 francs le kilogramme.

Ainsi la soie du *Yama-maï*, achetée sur le marché de Yoko-Hama, dans les conditions défavorables dont nous avons parlé, et par une maison française qui, peu au courant de son emploi, ne devait pas en apprécier toute la valeur, ne se trouvait que de 5 francs par kilogramme au-dessous de la plus belle soie du mûrier. Cette soie était-elle, d'ailleurs, de première qualité?

D'après ces considérations, nous pensons que les prix mentionnés par M. Pompe van Meerdervoort, l'introducteur de l'espèce, qui l'a étudiée sur les lieux, sont les vrais, et qu'en conséquence cette magnifique soie est presque égale en valeur à celle du mûrier, même au Japon, où cette dernière abonde.

Il est avéré, d'ailleurs, que dans l'empire japonais la culture du Ver du chêne constitue une branche importante de l'agriculture dont le Gouvernement est extrêmement jaloux, et que, comme nous venons de le voir, la soie en est fort recherchée pour la confection des plus riches tissus de l'Orient.

ENDEMENT — BÉNÉFICES

Les éducations en plein vent n'ont pas encore pu être faites
sur des espaces assez considérables, et celles en chambre n'ont
pas donné lieu à des calculs assez rigoureux, pour qu'on sache
exactement la quantité de feuille ou l'étendue de taillis nécessaire à l'alimentation d'un nombre déterminé de Vers, depuis
la naissance jusqu'au coconnage ; d'un autre côté, les cocons
se sont trouvés jusqu'à ce jour trop rares et trop précieux pour
être livrés en grandes quantités aux filatures, afin d'apprécier
leur rendement vrai en soie grège. Il est donc assez difficile,
quant à présent, de poser des chiffres rigoureusement vrais
pour représenter le produit réel d'un terrain planté de chênes
destinés à la sériciculture et les bénéfices que l'agriculteur devra
retirer de l'élevage du *Yama-maï*.

Cependant, d'après les données de l'expérience acquise, et
en nous appuyant sur les renseignements authentiques dont nous
avons fait mention dans le précédent chapitre, nous pouvons,
dès aujourd'hui, chercher un minimum de rendement, et, par
un calcul simple et clair, arriver à un chiffre de nature à satis-
faire les plus exigeants.

7

Soit un hectare de taillis de chêne parfaitement aménagé. On peut bien placer sur ce bois, par mètre carré, de 20 à 25 chenilles. Certes, d'après ce que nous avons approximativement reconnu par expérience, la quantité de feuilles sera suffisante pour les nourrir, surtout si, comme nous l'avons dit, on a su accroître la végétation foliacée par la taille.

Supposons que, par suite des causes de déchet qui agiront sur le produit pendant tout le cours de l'éducation, on ne récolte que 10 cocons par mètre carré. C'est, en vérité, un minimum bien modeste ! On aurait donc 100,000 cocons à l'hectare. Or, nous avons vu qu'un cocon plein pèse de 5 à 8 grammes ; admettons le chiffre le plus bas : 5 grammes ; 200 cocons pleins ouverts pèseront donc 1 kilogramme. Ce serait, en conséquence, un total de 500 kilogrammes de cocons que l'on obtiendrait par hectare. Mais tous les bois ne sont pas convenablement appropriés à cette culture ; il faut, d'ailleurs, déduire les chemins d'exploitation et de surveillance. Réduisons, si l'on veut, d'un tiers, des trois cinquièmes même, pour fixer le minimum aussi bas que possible ; il resterait encore une récolte de 300 kilogrammes par hectare.

Cherchons d'un autre côté, la valeur du cocon. Nous avons démontré, dans le précédent chapitre, que le rendement en soie du cocon de *Yama-maï* sera vraisemblablement égal à celui du mûrier, c'est-à-dire qu'il faudra de 12 à 14 kilogrammes de cocons pleins (peut-être moins), pour obtenir 1 kilogramme de soie grège. Si donc le kilogramme de soie se vend au Japon de 75 à 83 francs, le même poids de cocons pleins doit avoir une valeur de 5 à 7 francs. D'ailleurs, puisque les deux soies ont la même beauté, les deux cocons le même rendement proportionnel, le prix du kilogramme de cocons devra être en France le même pour les deux espèces. Or, ce prix, pour le Ver du mûrier, varie en ce moment de 5 à 8 francs le kilogramme. Admettons cependant que, dans l'avenir, les cocons de *Yama-maï* se vendront à un cours inférieur; à 4 ou 5 francs seulement le kilogramme : ce sera encore un revenu annuel de 1,200 à 1,500 francs par hectare. Et cette récolte aura été obtenue presque sans peine, en utilisant des matières (les feuilles de chêne) jusqu'ici restées sans emploi.

Pour arriver à un aussi beau résultat, les frais auront été peu importants : une première et rapide main-d'œuvre pour le nettoyage du sol dans les taillis ; un filet destiné à couvrir le bois (il durera dix ans, et le coût annuel devra être, conséquemment, estimé au dixième de sa valeur), ou bien les frais d'un garde pour 2 hectares pendant 50 ou 60 jours ; enfin le coût de la main-d'œuvre pour la récolte.

Tous ces frais forment certainement un total peu élevé et l'on doit remarquer qu'il faut les réduire encore dans une proportion notable, s'ils ne sont pas entièrement couverts par la valeur du bois. La pousse subsiste, en effet, et elle donnera, au bout de quelques années, une coupe excellente, très-productive, qui viendra s'ajouter aux magnifiques bénéfices déjà tirés de l'exploitation séricicole.

Les chiffres précédents, auxquels m'ont conduit mes observations et mes calculs, sont ceux que j'ai donnés dans les Conférences que j'ai eu l'honneur de faire sur le Ver du chêne, le 28 août 1865, au Palais de l'Industrie, lors de l'exposition internationale des Insectes, ainsi qu'à l'Exposition universelle de 1867.

Remarquons en terminant que, dans ces évaluations, nous avons toujours cru devoir prendre un minimum, un chiffre bien au-dessous de la réalité, afin de ne pas être accusé de faire luire des espérances trop brillantes et conséquemment trompeuses. Ainsi, nous admettons une perte naturelle, à l'éducation, des trois cinquièmes des Vers, ce qui ne saurait avoir lieu pour peu qu'on prenne de précautions et que les éducations aient une certaine importance ; nous fixons le poids de cocons pleins à 5 grammes seulement, alors qu'il est constaté qu'ils pèsent en moyenne de 5 à 8 et 9 grammes, c'est-à-dire environ

7 grammes, et que, dans les cocons qui pèsent le moins (les mâles), la réduction de poids paraît devoir porter spécialement sur la chrysalide, puisque le papillon n'est pas destiné à contenir les œufs. Enfin, nous n'avons adopté pour la valeur vénale de ces cocons qu'un chiffre bien au-dessous du prix des cocons du mûrier, quoique les deux produits ne soient pas jugés sensiblement dissemblables.

Nous ne voulons donc pas donner d'illusions, mais nous tenons cependant à ne pas renfermer nos espérances dans des limites trop restreintes et nous avons la confiance que, par une bonne méthode d'éducation, par des soins intelligents et soutenus, par l'élevage en plein air, les quantités de cocons obtenues et leur qualité dépasseront de beaucoup nos prévisions et qu'en conséquence les bénéfices réalisés ne pourront que s'accroître. Nous nous chargeons de faire acheter à des conditions convenables les bonnes récoltes de cocons pleins qu'on voudra livrer à la filature.

D'ici là, les petits éducateurs pourront entreprendre la production de la graine, qui sera encore un commerce fort lucratif jusqu'à ce que les cocons soient devenus très-abondants.

C'est alors que, grâce au merveilleux *Yama-maï*, les propriétaires tireront de leurs bois des trésors jusqu'ici inconnus, que les terres augmenteront de valeur, que la fortune publique s'accroîtra considérablement dans les campagnes et que le chêne, s'il n'arrive pas à être ce qu'a été le mûrier, *l'arbre d'or*, redeviendra bientôt, à d'autres titres, ce qu'il était il y a des siècles : *l'arbre sacré*.

TRADUCTION D'UN MANUEL JAPONAIS

SUR

LA CULTURE DU BOMBYX YAMA-MAI

J'ai relaté, dans les pages qui précèdent, toutes les observations que l'étude et l'expérience ont suggérées, sur le *Bombyx Yama-maï*, depuis son introduction en Europe. J'aspère avoir indiqué les meilleurs procédés d'élevage et j'ai discuté ou combattu ceux qui paraissent douteux ou mauvais, afin de prémunir autant que possible les éducateurs contre des échecs irréparables.

Comme complément à ce travail, je crois devoir reproduire ici un document dont la source remonte à la patrie du *Yama-maï*, et qui, par cela même, acquiert pour les pays occidentaux un intérêt particulier.

C'est la traduction d'une espèce de Manuel japonais sur la culture du magnifique Ver que nous avons récemment introduit et acclimaté en Europe. Ce mémoire, qui avait été traduit du japonais en hollandais par le docteur Hoffmann, a été ensuite traduit du hollandais en français par M. F. Blekman, interprète de la légation française au Japon.

Malheureusement, ce document ne peut avoir pour nous

toute l'autorité que son origine authentique devrait lui faire accorder. Il a le défaut commun à la plupart des traductions ; il est assez peu clair en bien des points. En passant ainsi par deux langues d'un génie si différent et interprétées par des traducteurs étrangers, sans doute, aux pratiques de la sériciculture, il est impossible que les idées de l'auteur japonais n'aient pas été plus ou moins altérées dans bien des circonstances, aussi trouvons-nous, dans la traduction française, des choses assez difficiles sinon impossibles à comprendre. L'expression elle-même est souvent impropre et fausse. On y remarque aussi quelques idées superstitieuses qui proviennent sans doute d'un défaut de science physique chez l'auteur.

Ce document n'en est pas moins d'un très-grand intérêt pour les personnes qui se préoccupent de l'avenir en Europe du *Bombyx Yama-maï* ou qui veulent se livrer à des essais d'éducation.

Il nous montre, en effet, que l'élevage de cette précieuse espèce est possible et rémunératrice, puisqu'elle se fait en grand au Japon, où le climat est à peu près analogue au nôtre ; il nous prouve aussi que les méthodes que nous avions adoptées dès l'origine, sans guide et pour ainsi dire à tâtons, avant la publication de ce Manuel, étaient les bonnes, puisqu'elles coïncident plus ou moins exactement avec celles indiquées dans le Mémoire japonais.

Enfin, il nous fait connaître que les éleveurs japonais ont à redouter pour leurs Vers les mêmes ennemis que nous, dans les campagnes, et que cependant la production a lieu, dans bien des localités, sur une très-grande échelle ; à tel point que la fraude s'est glissée dans le commerce des œufs et qu'on va jusqu'à en fabriquer.

Je prends donc le parti de publier en entier ce document, malgré ses obscurités. Je ne le donne qu'à titre de renseignement ; je conseille même de ne pas adopter sans contrôle certains modes de procéder qui ne sont pas à l'abri d'erreur ou de critique. C'est pour cela que, en ce qui me concerne, je m'en suis tenu aux méthodes d'élevage que j'avais mises en pratique et qui me semblent plus rationnelles. Ce Manuel, au surplus, est loin d'être complet; il ne relate guère, dans son ensemble, que des précautions à peu près semblables à celles employées par tous les entomologistes qui élèvent des chenilles sauvages pour obtenir de beaux papillons. Mais comme il renferme certaines affirmations que la vérification et l'expérience m'ont fait reconnaître erronées, j'ai pensé qu'il ne serait pas sans utilité de l'annoter, afin d'épargner de nouvelles études aux éducateurs et de les prémunir contre des méthodes reconnues défectueuses.

Toutefois, je le répète, ces prescriptions méritent d'être lues, étudiées, raisonnées. En pénétrant ainsi dans son sujet, on se forme une idée plus complète du bon et du mauvais, et l'on devient plus capable de préserver ses éducations de toutes les chances possibles d'insuccès.

La traduction française qui suit a paru dans les Bulletins de la Société impériale zoologique d'acclimatation de Paris, 1864, p. 523 et 592; c'est à cette publication que je l'emprunte.

§ 1. — *Arbres propres à l'éducation du Ver à soie sauvage.*

Le *Yama-mayu*, c'est le cocon des forêts ou sauvage, proprement dit *Yama-mayu no musi*, ou chenille du cocon sauvage. Il se nourrit du feuillage des arbres suivants appartenant à la famille des chênes, si riche en variétés.

1° *Sira-kasi* ou *Siro-kasi*. C'est le chêne blanc (*Quercus siro-kasi*, Siebold); en chinois, *Mien-tschu* (prononciation japonaise, *Men-siyo*). C'est le chêne farineux.

2° *Kunu-gi* ou *Fotsi-maki* (*Quercus dentata* Thunberg, d'après Siebold) ; en chinois, *Hiê* (prononciation japonaise, *Reki*). Son fruit se nomme *donguri* au Japon.

Les chenilles nourries avec le feuillage de ces deux chênes font des cocons qui donnent beaucoup de soie.

3° *Kasi-va*, vulg. *Favaso* ou *Hawaso* (*Quercus serrata* Thunberg) ; en chinois, *Hu* (prononciation japonaise, *Kok*).

4° *Mitsu-nava*.

Les chenilles nourries avec les feuilles de ces arbres grandissent rapidement et forment des cocons moelleux, forts et d'un fil supérieur.

5° *Nava-no-ki*, vulg. *Ko-nara* (*Quercus serrata*, Thunberg).

Comme ces cinq espèces poussent le plus tôt et ont les feuilles les plus tendres, elles sont aussi les plus propres pour l'éducation des chenilles *Yama-mayn*, et méritent la préférence jusqu'après le second repos. Nous passons donc sous silence d'autres arbres qui, dans certaines contrées, nourrissent aussi ce Ver à soie.

Dans les contrées où l'on s'applique à l'éducation des *Yama-mayn*, on plante ces arbres le long des fermes et des sentiers de la terre de labour, et, lorsque les cultivateurs s'en occupent secondairement en dehors de leurs travaux réguliers, ils en retirent un beau bénéfice, puisque la soie récoltée est très-solide et est largement payée.

§ II. — *Divers modes d'éducation.*

Il existe trois modes d'éducation de ces chenilles :

1° Sur branches en baquets (*oke-kai-date*) ;

2° Sur branches en terre (*doma-kai-date*) ;

3° Sur arbres en pleine nature (*nogai-date*), ou culture des champs.

Le premier mode sert pour la première couvée jusqu'après le troisième repos (changement de robe); après cette période le second et le troisième mode deviennent applicables.

§ III. — *Observations relatives à la température.*

L'éducation en baquets aime l'ombre, mais craint une trop forte fraîcheur. Lorsqu'on applique l'éducation en terre en pleine nature, le soleil sera bienvenu.

Il est très-essentiel de préserver la première couvée élevée sur baquets du vent nord-ouest, qui leur est aussi pernicieux qu'aux fruits de la terre.

Si le vent souffle du sud-est, cela fournit de la pernicieuse vermine [1], disparaissant cependant quand le vent retourne au nord-ouest.

Tant qu'on élève sur baquets, il faut les garder contre tous les vents [2]; par contre, lorsqu'on transporte les élèves en champ libre, le vent n'est plus nuisible, puisqu'ils y auront des arbres fermes, derrière lesquels ils pourront s'abriter, tandis qu'ils jouiront du plein air, avec nourriture à profusion.

§ IV. — *Du contrôle des œufs.*

Le contrôle des œufs du *Yama-mayn* [3] est de la plus haute importance. La croissante demande des dernières années a fait entrer toute espèce d'œufs dans ce commerce, c'est pourquoi il s'agit de bien les contrôler avant d'en prendre. L'inexpérimenté achète souvent des œufs qui n'éclosent jamais, ou bien, s'ils éclosent, les chenilles meurent avant ou après le premier ou le second repos.

---

[1] « Pernicieuse vermine » signifie vraisemblablement ici : maladie ; le vent de S.-E. étant, sans doute, dans ce pays, très-chaud et très-lourd.　　　　　C. P.

[2] Si l'on a soin, comme je l'ai recommandé, d'attacher solidement, par des cordes fixées à trois piquets, les faisceaux de feuilles trempant dans les cruches ou les baquets, le vent sera peu à redouter.　　　C. P.

[3] On les nomme *Yama-mayn-tan*, c'est-à-dire *semence de cocons sauvages*.

Nous signalerons donc comment on distingue les bons œufs des mauvais.

Pour la nuance, les *gris clair* sont meilleurs ; les *gris foncé* sont moyens ; les *blancs*, par contre, sont nuls [1].

On fera toujours bien d'ouvrir quelques-uns des œufs dont on n'est pas sûr. Aussitôt que l'œuf compte trente jours, on y trouve un petit Ver bleu clair [2].

Puisque, à l'inverse des œufs d'autres Vers à soie, l'œuf du *Yama-mayu* contient la formation de le chenille, on fera même bien d'en ouvrir cent à deux cents, pour évaluer, suivant le résultat du contrôle, la qualité d'œufs requis.

Il va de soi que l'ouverture des œufs, qui se fait au moyen d'un rasoir ou de la pointe d'une aiguille, se pratique avec grande précaution pour ne pas blesser les petits Vers.

On offre également quelquefois des œufs bien ronds, mais cependant rentrés à leur surface et reluisant beaucoup. Ce sont des œufs peints.

Les meilleurs œufs sont bien *ronds*, *gris clair*, et, plus ils sont lourds, plus le Ver possède de vitalité. Celui-là alors est d'un bleu clair [2] ou bien aussi blanchâtre, se meut vigoureusement en le posant sur la main ouverte, même par la gelée ; et un *siyoo* (mesure japonaise de $0^{mc}001,80356$, pesant 585 grammes) donne 101,000 chenilles.

La sorte inférieure n'est pas tout à fait ronde et quelque peu rentrée au milieu. La chenille en éclosant sera petite et, bien que se mouvant, de nature faible. S'ils éclosent au printemps (?) on les nomme déchet de chenille (*kego-kobore*) et on les jette.

---

[1] Complétement inexact ; la coloration est donnée par l'épaisseur de la couche d'enduit dont les œufs sont recouverts ; les *blancs* pondus les derniers par une femelle fécondée peuvent être excellents. — *Voir pages* 17, 18 et 19.   C. P.

[2] J'ai toujours trouvé, dans tous les œufs, le petit Ver vivant de couleur jaune pâle.   C. P.

On rencontre aussi des œufs ronds et fort luisants, paraissant de la meilleure espèce ; mais, lorsqu'on les ouvre, ils ne contiennent aucun Ver. Ce sont des œufs fabriqués.

Les œufs bien ronds et appartenant, au premier aspect, à la première sorte, mais dont, à l'ouverture, les petits Vers sont faibles et d'un bleu rouge, ont fermenté lorsqu'ils étaient encore tout frais.

Nous reviendrons sur cette fermentation.

§ V. — *Éducation sur baquets en hangars établis à cette fin.*

Vers le 22 avril, ou plus tôt ou plus tard, selon la température locale, on nettoie le local destiné à l'éducation des Vers à soie, et l'on tâche de détruire les fourmis et toute autre vermine nuisible. On entoure cet emplacement de paillassons de jonc ; on y place au milieu une estrade de bois de 6 pieds de largeur et plus ou moins longue, suivant l'extension qu'on donnera à la culture. Sous l'estrade, on place des baquets (*oke*) munis d'un couvercle, ayant des trous au milieu. Tout contre le fond, se trouve adapté un tuyau bouché, permettant de faire écouler de temps à autre l'eau du baquet. Ces baquets sont rangés à une distance réciproque de 3 pieds, pris de leur centre.

Sur l'estrade on étend des paillassons (*musiro*) ordinairement de 2 pieds 8 pouces de largeur, 5 pieds 5 pouces de longueur, 5 pouces d'épaisseur, et *itodate*, ou paillassons légers de paille fine, de 2 pieds 7 pouces de largeur sur 8 pieds de longueur. On y dépose les œufs, et on les surveille régulièrement chaque matin. Dès que l'on remarque que quelques chenilles viennent d'éclore, on met de l'eau fraîche dans le premier baquet sous l'estrade ; on fait deux ouvertures dans chaque paillasson, dont une en regard du trou du couvercle du baquet placé sous chaque paillasson. On y passe une ou plusieurs branches de chêne, et l'on attache à l'une d'elles le baquet d'œufs[1], dans lequel on a mis un cinquième de *goo* (3 centilitres et demi) d'œufs.

Toute coupe de bois laqué est propre à servir de baquet d'œufs, puisque les chenilles en sortent facilement.

Le fond de ce baquet sera légèrement percé, pour faire échapper l'eau de la pluie. Les chenilles écloses se répandent du baquet sur les branches.

Lorsqu'il y en aura environ cinq cents dans le feuillage, on passe à l'autre baquet, on y applique d'autres branches auxquelles on adapte le baquet d'œufs, et l'on procède ainsi successivement pour peupler les branches au fur et à mesure que les chenilles écloses passent au feuillage.

On aura soin de bien boucher l'ouverture dans laquelle on a adapté les branches, pour que les chenilles ne puissent aller à l'eau. On veillera encore à ce qu'une des branches soit repliée jusque sur le paillasson.

Lorsque les chenilles se seront nourries trois jours durant d'une branche[2], on arrache celle-ci, en la déposant avec les chenilles sur un paillasson[3] pour la préserver du contact de la terre ou du sable, et l'on applique une branche fraîche qu'on appuie à l'ancienne portant déjà des chenilles.

On laisse aux chenilles le temps de déménager depuis neuf heures du matin jusqu'à trois heures de l'après-midi. S'il en reste, après ce laps de temps, puisqu'il y en a qui refusent de déloger avant le premier repos, on coupe avec des ciseaux les branches fraîches, veillant le mieux possible à ce que les chenilles se trouvent bien répandues et ne se logent pas trop rapprochées les unes des autres.

Comme elles sont encore bien petites avant le premier repos, on doit les traiter avec beaucoup de ménagement, et veiller à

---

[1] Sans doute, un petit godet en bois, dans lequel on met les œufs. C. P.

[2] Trois jours de stagnation, c'est trop, bien que ces branches paraissent être longues. — *Voir pages 44-45.* C. P.

[3] Mauvaise méthode ; on blesse les Vers. C. P.

ce qu'il ne s'en perde pas. La première période de leur existence, pendant laquelle on les nomme *kengo*, ou petits chevelus, réclame les plus grands soins ; ce n'est pas trop de trois personnes pour surveiller quinze baquets, tandis que le même personnel, plus tard, peut surveiller trois cents baquets.

L'eau des baquets demande à être renouvelée tous les deux jours.

Généralement les chenilles doivent être traitées avec une extrême circonspection ; on conseille même de ne pas les toucher du doigt. Même les petits poils qu'elle perd, durant la première période, peuvent tuer la chenille, si elle se trouve en contact avec eux.

A mesure que la chenille grandit, le nombre des baquets requis augmente à chaque renouvellement des branches. Tandis qu'au début on compte cinq cents chenilles par baquet, le nombre n'en est plus que de cinquante après le quatrième repos.

Le dixième jour après leur éclosion, les chenilles ne mangent plus, et se reposent trois jours durant (première transformation). Ceci se passe comme chez le Ver à soie domestique, quatre fois pendant leur vie, et après soixante jours elles commencent à faire leurs cocons. Le nombre de jours diffère néanmoins selon la température d'une contrée.

S'il survient de fortes pluies avant la fin de la seconde période, on ouvre davantage les paillassons des hangars : on les enlève aussitôt que cesse la pluie[1].

Après la deuxième période, qui commence le dixième jour du quatrième mois (en mai), pareille couverture ne sera plus nécessaire, bien qu'il pleuve. Au contraire, un peu de pluie profite à la chenille.

En temps de sécheresse, on fera bien de donner une pluie

---

[1] Lorsque la pluie n'est pas trop froide ni trop battante, elle ne fait point de mal, même aux Vers du premier âge.   C. P.

line par trois fois, de onze heures du matin à une heure de l'après-midi, au moyen d'un arrosoir, afin de rafraichir les branches. A la campagne, on emploie un tuyau de bambou percé de petits trous pour remplacer l'arrosoir.

La clôture et la couverture au moyen de paillassons, ayant surtout pour objet de garantir des oiseaux, des guêpes, ainsi que d'autres insectes nuisibles, on enlève ces paillassons de temps à autre pour aérer les Vers.

La troisième période passée, on fera bien d'enlever les paillassons dans la journée, pour ne les replacer qu'après sept heures du soir; mais, s'il pleut, on ne les enlève pas du tout (*sic*)[1].

C'est un bon signe lorsque les chenilles montent et se posent la tête en bas; lorsqu'elles descendent, au contraire, c'est qu'elles sont malades[2].

Après la quatrième période, on laisse tout à fait de côté le paillasson, bien que les chenilles n'aient atteint leur croissance par leur nature ou par l'influence de la température. La serre[3] sera maintenant toujours tenue bien aérée, car le *Yama-mayu*, originaire des forêts, ne supporte point l'air vicié ou renfermé. C'est aussi pourquoi on adopte la *no-kai-date*, ou éducation en plein champ, dans les contrées où le climat s'y prête (pour la *dernière* période).

Mais, à l'approche d'une tempête, on devra bien fermer et consolider l'enclos, pour garantir du vent qui couvrirait de poussière et de sable chenilles et cocons.

La serre se trouvera parfaitement placée sous des arbres élevés où l'air circule et où il y a de l'ombre.

Les arbres particulièrement propres à cet effet sont : *Oho-kaki* et *Ko-kaki* (*Diospyros kaki*, Lin. fils, grande et petite espèce); *Enoki* ou *Yenoki* (*Celtis Willdenowiana*, R. et S.), *Sakuva*

---

[1] Contradiction avec ce qui précède.   C. P.

[2] Pas toujours. Elles descendent surtout quand elles cherchent de la nourriture, ou de la nourriture fraîche ou de la fraîcheur.   C. P.

[3] Non point une serre comme les nôtres; plutôt un hangar.   C. P.

(*Prunus pseudo-cerasus*, Lindl.). Par contre, seraient nuisibles et à éviter comme tels : *Kurumus* (*Juglans nigra*, Lin.); *Sansiyan* (*Xanthoxylon piperitum*, DC.); *Nika-ki*, *Matsu* (*Pinus densiflora*, Sieb. et Zucc.); *Sugi* (*Cryptomeria japonica*, S. et Z.; *Finoki* (*Retinispora obtusa*, S. et Z.), et d'autres.

Le huitième jour après la quatrième période, les chenilles font leurs cocons en tournant de la tête. S'il y en avait qui s'attachassent aux feuilles en mangeant, on placerait de fraîches branches dans un autre baquet ; on découperait avec des ciseaux les vieilles branches sur lesquelles se trouvent les chenilles, et on les appuierait, comme toujours, aux nouvelles branches. Si l'on arrachait en ce moment les vieilles branches pour les adapter ailleurs, on endommagerait les cocons à peine commencés.

§ VI. — *Éducation sur le sol.*

Après la troisième période, on forme des fosses de 1 pied de largeur et d'environ 1 pied et demi de profondeur, qu'on remplit de balle de riz ; on y verse de l'eau et l'on étend par-dessus un paillasson.

A travers ce paillasson, on enfonce jusqu'au fond de la fosse des branches de chêne sur lesquelles on place les chenilles, en y attachant les branches sur lesquelles elles se trouvent déjà.

L'eau, dans la fosse, devra, chaque jour, être largement renouvelée, pour que le feuillage se conserve longtemps [1].

Lorsqu'on change ces branches, on arrache la vieille branche qu'on couche sur un paillasson étendu par terre, afin que les chenilles ne touchent ni le sable ni la poussière, et l'on place

---

[1] Ce paillasson me semble devoir soutenir bien faiblement des branches de chêne ; de plus, si la fosse n'est pas mastiquée, les balles de riz quoique humectées n'entretiendraient pas la fraîcheur dans les branches. Elles se faneraient vite même dans le sable mouillé.　　　　　C. P.

la nouvelle branche à la place où se trouvait la précédente [1]. On procède précisément, pour le renouvellement des branches, comme dans l'éducation en baquets.

On ne saurait jamais trop garantir le Ver à soie domestique, comme le sauvage, du sable et de la poussière, puisque, s'ils en avalent avec leur nourriture, ils deviennent malades et périssent. Qu'on ne laisse donc jamais les branches à terre, et qu'on nettoie celles qui seraient sales avec de l'eau fraîche pour les adosser au baquet.

On ne couvre plus maintenant l'enclos ; les branches se conservent par suite de la saison des pluies, laquelle commence le 5 mai.

§ VII. — *Éducation dans les champs et les forêts.*

Là où cette éducation est pratiquée, on y procède après la troisième période. L'emplacement destiné à cette éducation, situé de préférence dans la plaine et moins volontiers dans la montagne, sera nettoyé, douze mois d'avance, des herbes et de tous les arbrisseaux et arbres ne convenant pas à la nourriture de la chenille. On coupe les branches trop élevées des arbres de haute tige, pour ne conserver qu'une élévation de 8 pieds. Ces arbres seront taillés, de sorte que l'on puisse facilement atteindre telles branches où seront des chenilles et des cocons.

Lorsque l'endroit choisi se trouve dans le voisinage des habitations, on veillera surtout à le garder de la fumée de cuisine.

On prétend encore que l'odeur du musc influe désavantageusement, et que les chenilles craignent le son du cor, du tambour et des cloches (!).

---

[1] Mauvaise méthode. Pourquoi ne pas placer d'abord les branches fraîches et n'arracher la vieille branche que lorsqu'on a enlevé les Vers, de sorte que ces chenilles ne puissent être blessées par leur contact avec le sol. *Voir pages 45 et suiv.*

Les Chenilles se transportent d'elles-mêmes et rapidement sur les arbres et les arbrisseaux, lorsqu'on y attache les branches détachées sur lesquelles elles se trouvent.

Notez bien ce qui suit pour préserver les Chenilles vivant en pleine nature.

Contre les *fourmis*, mouillez le tronc autour de la racine avec la décoction du *Tokorotan*, en chinois *Chi-hoatsai* (sorte de varech dont on prépare au Japon une gelée qui, séchée, est livrée au commerce sous le nom de *kanten*, et passe en Chine, et aussi à Paris, pour des nids d'oiseaux comestibles); alors les fourmis disparaissent.

Contre les *guêpes*, il s'agit d'agir dès les premiers jours que les chenilles sont en liberté [1].

Ne surveillez pas moins activement les oiseaux pourchassant l'*Yama-maï*.

Pour un arbre de 16 pieds de haut et d'une envergure de 10 pieds carrés, on compte d'habitude cinquante chenilles [2], suivant la qualité de feuillage. Une seule personne suffit pour les veiller, mais qu'elle soit matinale, puisque les oiseaux le sont bien.

Dès que les cocons sont formés, veillez contre les souris, les renards et les corbeaux; coupez à temps des branches pour les suspendre sur des cordes tendues, et faites l'un et l'autre sans endommager les cocons.

S'il reste des cocons aux branches ou aux arbrisseaux, les papillons y déposent aussi leurs œufs qui produisent les chenilles l'année suivante. Voilà la reproduction naturelle.

Dans l'ouest du Japon, sur l'île *Kiousiou* et dans l'intérieur de *Nippon*, il y a plusieurs régions où l'*Yama-maï* se trouve encore à l'état sauvage dans les forêts, et l'on y rencontre maint endroit où les femmes et les enfants s'occupent à ramasser les

---

[1] En France, les guêpes n'arrivent guère qu'après la récolte des cocons. Voy. p. 71.   C. P.

[2] Ce chiffre est évidemment erroné, en moins.   C. P.

cocons dans les forêts des montagnes, occupation qui fait la fortune de bien des familles.

Cette chenille ne fait aucun tort aux arbres de la forêt ou de la campagne : elle se nourrit, il est vrai, du feuillage poussant au printemps; mais comme elle coconne dans le cours de la première vingtaine du cinquième mois, et que les arbres ne font leur deuxième pousse qu'au sixième mois, ceux-ci peuvent très-bien se rattraper.

§ VIII. — *Maniement des cocons et des papillons.*

Cinq jours après que les chenilles se sont mises en cocons [1], on enlève les branches auxquelles ils sont attachés et on les suspend à des cordes tendues. Dix à onze jours après, on enlève les cocons, que l'on dépose dans des corbeilles plates préparées à cette intention et l'on conserve ces paniers dans une maison spéciale, à l'abri de toute fumée.

Les papillons sortent régulièrement vingt-cinq jours après la formation des cocons, mais l'époque varie. Il arrive quelquefois que les papillons ne sortent pas avant le 1er septembre, et quelquefois encore plus tard.

Dans quelques cultures on suspend des paillassons au-dessus des paniers, mais le plus souvent on les place devant un écran où viennent se poser les papillons. Puisqu'ils sortent le plus souvent le matin avant sept heures, on doit être présent à sept heures du matin pour placer les papillons destinés à l'accouplement [2]. Ces paniers (*teôhago*) sont en forme de cloches, de 1 pied 7 pouces de hauteur et de 1 pied 5 pouces de largeur, et ont un couvercle pour fermeture.

On place cent papillons dans chaque panier, moitié mâles et moitié femelles : les premiers sont reconnaissables à leurs larges

[1] Trop tôt. Voy. p. 66, 67.   C. P.

[2] Il doit y avoir erreur. L'éclosion des Vers a lieu au Japon comme en France, le matin; les papillons doivent y naître comme en France, c'est-à-dire le soir, au crépuscule. C'est, d'ailleurs, la loi naturelle pour les papillons de nuit

antennes. On y adapte le couvercle, et l'on pend le panier quelque part. Quatre jours plus tard, on enlève le couvercle, les mâles s'envolent, tandis que les femelles restent et déposent leurs œufs aux parois du panier qu'on a refermé. On place ensuite les paniers à l'ombre et on les arrose trois fois par jour d'une pluie fine, jusqu'à ce qu'au bout de dix jours tous les papillons aient péri.

Les œufs s'enlèvent maintenant au moyen d'un grattoir de bambou, et sont étalés légèrement dans des paniers ouverts, qu'on suspend dans un endroit frais et aéré.

Si les œufs étaient gardés renfermés en paniers ou en sacs, ils se mettraient en fermentation, et l'on n'en obtiendrait point de cocons l'année suivante.

Ce n'est qu'après l'équinoxe d'automne qu'on place les œufs dans des sacs de chanvre ou dans de petits paniers plats, et qu'on les suspend pour les garder des souris.

§ IX. — *Conservation des œufs.*

On conserve les œufs dans la partie septentrionale d'une maison à l'abri du soleil.

Ils n'ont rien à craindre de la neige ou de la pluie, qui, au contraire, sont très-utiles, attendu qu'elles font périr les petits Vers faibles. Les Vers forts résistent seuls à cette température froide et humide, et l'année suivante on obtient une couvée vigoureuse.

Dans les contrées chaudes, on place les œufs dans des placards à tiroirs, dans lesquels on étale sur une épaisseur de 5 *boun* (0ᵐ,05). Ce placard a 1 pied de profondeur et 1 pied 5 pouces de hauteur, et sef erme par un grillage de cuivre. Pendant la gelée, on fait bien d'exposer ce placard à l'air pendant une ou deux nuits[1].

---

[1] Cette méthode me semble devoir d'abord amener la fermentation des œufs, puis en faire périr quelques-uns. Je ne la conseille pas. C. P.

Lorsque l'on conserve les œufs en paniers, on ne devra les remplir qu'au tiers. En pays chauds, les œufs sont déposés là où il y a plus de fraîcheur, soit au fond de la montagne, soit dans des souterrains, les gardant surtout de l'atmosphère du printemps.

On retarde encore l'éclosion des œufs en les enveloppant soigneusement d'ouate. Pour faire éclore la couvée, on l'expose au grand air.

Bien qu'il existe au Japon une forte différence de température d'une contrée à l'autre, la différence ne constitue en somme que dix à quinze jours pour la pousse des arbres et des plantes.

L'époque la plus propice à l'éclosion de la couvée, y compris les retardataires, est le 22 avril pour les pays suivants : *Mikawa, Suruga, Idsu, Kai, Mino, Owari;* et au sud des montagnes ou dans le *Sanyôdô,* ceux de *Harima, Mimasaka, Bizen, Bitsiou, Bingo, Aki, Suwo* et *Nagato.* Par contre, le 2 mai est l'époque la plus convenable pour les pays de *Kôdske, Musasi, Awa* (au sud-ouest de l'entrée de la baie d'Yedo), *Kadsusa* et *Simodskè;* et le 12 mai, pour les pays depuis *Sinano,* à partir du nord-ouest, jusqu'en *Dewa* et *Moutsou.*

Dans tous ces pays, et même dans ceux situés plus au nord, on fera bien de laisser hiverner les œufs en plein air et de les exposer, en quelque sorte, à la neige et à la pluie.

§ X. — *Mode d'étuver les cocons.*

On expose aux effets de la vapeur les cocons que l'on désire dévider, afin de tuer la chrysalide.

On place les cocons dans le *sei-roo* ou armoire à vapeur, en les entremêlant d'un hachis de feuilles fraîches des arbres sur lesquels la chenille a vécu. Lorsque l'eau bout, on y place l'étuve ou *sei-roo,* et l'on donne un bain de vapeur aux cocons, qu'on transporte ensuite dans un panier plat exposé à l'ombre et en plein air. Les cocons sèchent bientôt et se crèvent.

Après deux jours d'intervalle, on expose les cocons sur du papier ou sur de la toile au grand soleil.

Quand les cocons ne sont pas bien étuvés ni séchés, la soie est de mauvaise nuance et a une valeur moindre.

§ XI. — *Dévidage des cocons.*

On distingue trois sortes de cocons :

1° La meilleure sorte se traite comme suit. On laisse tremper les cocons dans l'eau fraîche pendant vingt minutes ; on lève les fils qui se sont lâchés par le bout, isolément ou en double, et l'on place les cocons dont ils se détachent dans un autre baquet avec de l'eau fraîche, en attachant les bouts de fil à une baguette disposée au-dessus du baquet.

Lorsqu'on a ainsi levé une centaine de fils avec les cocons, on met de l'eau propre dans la bouilloire, et, quand l'eau est bouillante, on rassemble trois fils et on les dévide à la manière ordinaire. Pour les éducations faites en chambre, il faut réunir six ou sept fils ensemble.

2° Les cocons de la seconde qualité se lessivent, avant de passer à leur dévidage.

On les trempe complétement dans un bain de lessive, placés dans un panier, jusqu'à ce qu'ils soient absolument mous.

. On prépare la lessive avec de la cendre de paille fraîche de sarrasin. Cette cendre se place dans un panier, et l'on y verse de l'eau bouillante qu'on reçoit dans une cuvette.

C'est ce qu'on nomme *saba-aku*, ou lessive de sarrasin.

3° Les cocons de la moindre qualité sont plongés avant le dévidage dans un bain de *ki-aku*, ou de potasse, qu'on prépare en brûlant les branches et les feuilles toutes vertes ; on mêle cette cendre dans un panier avec un égal volume de cendre de sarrasin qu'on trempe d'eau bouillante [1].

Lorsque la lessive a été salie par les cocons qu'on y aura mis à détremper, on doit la renouveler.

4° On en fera autant pour l'eau, dans laquelle on fait bouillir les cocons avant le dévidage.

En faisant bouillir les cocons, vieux ou frais, il importe surtout de procéder dans la mesure voulue.

On prépare également une lessive avec de la cendre de *nezasa* (petite espèce de bambou), ou de paille verte ; mais celle indiquée plus haut est reconnue comme supérieure.

5° Lorsque la soie est destinée à être teinte, on laisse tremper les cocons avant le dévidage, pendant vingt minutes, dans une lessive, suivant la recette ci-dessus.

6° Si la lessive de sarrasin est trop forte, le fil de soie sera, il est vrai, *blanc*, mais plus faible, ayant trop perdu de son coloris verdâtre.

7° Le *saba-aku*, lessive de sarrasin, est bon lorsque la soie est destinée à être teinte en pourpre ou en brun, mais il nuira toujours aux autres nuances.

8° La soie qui aura été le moins travaillée pour en extraire la couleur verdâtre prendra d'autant mieux la teinture.

9° On trempe trois jours durant les cocons vides dans la lessive de paille, et on les tord ensuite après un bain d'eau fraîche, jusqu'à ce que la couleur verte en soit disparue, bien qu'elle doive toujours reparaître.

10° Pour faire de l'apprêt de tisserand (*ori nori*), on prend pour une quantité de 175 grammes de soie une décoction de 76 centilitres de farine de froment mélangée avec un peu de farine de *warabi* (follicules de varech d'aigle, *Pteris aquilina*), et avec un *mai* (1,6 pied carré du Japon) de *funori* (varech de mer,

---

[1] Je ne comprends pas ces trois qualités de cocons comme difficultés de dévidage. Tous ceux obtenus en France se dévident parfaitement dans l'eau bouillante pure.   C. P.

Fucus cartilagineus). La soie traitée par cette décoction et mise ensuite dans un bain d'eau fraîche pour en enlever l'apprêt, obtient un très-beau lustre.

Comme on a pu le remarquer, ce traité renferme beaucoup d'erreurs, qu'il eût été trop long de relever. Je conseille donc, en définitive, de s'en tenir aux méthodes que j'ai indiquées après les avoir corroborées par l'expérience, et de ne pas s'arrêter aux faits énoncés dans l'écrit japonais lorsqu'il est en désaccord avec le mien : j'en ai reconnu l'inexactitude.

LE VER A SOIE DU CHÊNE

AU CHAMP DE MARS

Le vif intérêt qu'avaient excité, parmi les populations rurales, les exhibitions que j'avais faites du Ver à soie du chêne du Japon dans divers concours régionaux agricoles ou à d'autres expositions; les hautes récompenses qui lui avaient été décernées par les jurys; l'importance considérable que semble devoir prendre, dans un avenir prochain, la culture industrielle de ce merveilleux bombyx, non-seulement en France, mais encore dans toute l'Europe centrale, où le chêne croît en abondance, et, surtout, le désir de hâter la propagation de cette nouvelle industrie agricole, m'avaient décidé à faire, sous les yeux du nombreux public qui devait visiter l'Exposition universelle, des éducations complètes de *Yamamaï*, afin de prouver à tous la robusticité des chenilles, la facilité de l'élevage et la richesse des produits.

Aussi avais-je demandé et obtenu la concession, dans le parc du champ de Mars, — quart allemand, section de l'agriculture française (côté de l'École militaire), d'un terrain de 250 mètres carrés environ, sur lequel je voulais établir un spécimen des divers modes d'élevage auxquels le Ver du chêne est susceptible de se soumettre.

J'y avais fait construire, en conséquence, un pavillon divisé en deux parties à peu près égales (fig. 2, page 123).

L'une, garnie de vitrages, était destinée à l'éclosion des Vers, au printemps, ainsi qu'à l'exposition, pendant tout l'été, des cocons, soies grèges, étoffes et publications diverses relatives à la sériciculture.

Sous l'autre, simple hangar couvert, j'avais installé des montants en bois dans lesquels étaient enchâssés de grands vases à col étroit, pleins d'eau, de simples cruches en grès, où plongeaient par le pied des faisceaux de grandes branches de chêne apportées chaque jour des bois voisins de Paris. Ces vases étaient aussi retenus entre deux planches, dont la supérieure, mobile dans la moitié de sa longueur, permettait d'enlever à volonté ou de consolider chaque cruche isolément (fig. 1, page 124).

A côté se trouvaient de grands baquets de bois, en forme de tables, garnis de zinc intérieurement, et couverts d'une planche épaisse percée de nombreux trous, par lesquels de courts rameaux de chêne allaient plonger dans l'eau pour conserver leur fraîcheur. Cette eau, ainsi que celle des cruches, était renouvelée tous les jours ou contenait quelques fragments de charbon de bois, afin d'empêcher la corruption. Les appareils étaient solidement fixés en terre, pour mettre les feuillages et les Vers qu'ils portaient à l'abri des grands vents qui ont si souvent troublé cette partie de l'Exposition.

C'est sous ce hangar que j'ai fait des spécimens d'éducations industrielles sur branches coupées. J'y ai montré comment on peut sans peine changer les branches et faire passer les Vers des anciennes aux nouvelles. L'intérêt du public paraissant même se concentrer sur ces petits animaux vivants qui se nourrissaient sous ses yeux, j'en ai retardé un certain nombre, en les privant de nourriture et au risque d'altérer leur santé, afin d'en avoir sur les feuilles le plus longtemps possible. Je suis parvenu ainsi à en conserver à l'état de chenilles jusque vers le milieu de juillet. Plus tard, on n'y a pu voir que les cocons attachés aux feuilles desséchées.

C'est encore dans cette partie de mon exposition que j'ai organisé, dès le commencement des éducations, des conférences publiques et gratuites sur la sériciculture, comme j'avais déjà, le premier parmi les exposants, conçu et réalisé l'idée d'en faire, dès 1864, au concours régional d'Alençon, et, depuis lors, à celui de Nantes, ainsi qu'à l'Exposition internationale des insectes de 1865, au palais de l'Industrie.

Derrière le pavillon et à côté, s'étendait une plantation de chênes de diverses espèces indigènes ou exotiques, que j'avais fait installer au mois de février. Malheureusement mon terrain n'avait pu être mis que tardivement à ma disposition, et, les plants ayant beaucoup souffert, je dus, pour remplacer les morts et rendre le feuillage plus touffu, y intercaler un certain nombre de chênes en pots. On y voyait, en outre, un petit massif de cognassiers, dont le *Yama-maï* peut accidentellement se nourrir. Sur cette espèce de taillis je plaçai une certaine quantité de Vers en toute liberté, afin de les laisser vivre tout à fait en plein air, et comme à l'état sauvage. Ils se retiraient pendant le jour sous la feuillée, et y demeuraient jusqu'à la fraîcheur du soir. Le soins seuls de grande culture leur étaient donnés, c'est-à-dire de simples arrosements à grands jets de pompe, au matin des journées chaudes.

La plantation était couverte et entourée de tous côtés, ainsi que le hangar, de grands filets à mailles étroites. Ils étaient destinés à empêcher les dégâts des moineaux, fort nombreux au champ de Mars, tout en permettant aux visiteurs de voir et d'étudier les séricigènes.

Le mauvais temps exceptionnel qui a signalé l'année 1867, a été très-défavorable aux éducations de Vers à soie en général. Le printemps, même dans le Midi, s'est montré froid et pluvieux avec persistance. Les éclosions à la température naturelle ont été contrariées et retardées. Pendant tout l'été, de brusques et fréquentes variations climatériques ont fait supporter aux Vers les alternatives de chaud et de froid qui auraient pu devenir fort préjudiciables à leur bonne santé.

Malgré ces mauvaises conditions, mes éclosions, forcées artificiellement dès les premiers abaissements de température, ont été bonnes; mes Vers ont vécu en plein air, pendant toutes les phases de leur éducation, sous les yeux du public, se sont développés avec succès, et sont arrivés à faire leurs

Fig. 1. — Vases et baquets contenant des rameaux de chêne pour les éducations industrielles du *B. Yama-maï*.

beaux cocons, qui pendaient des branches comme des fruits d'or, à moitié cachés dans les feuilles.

La foule, qui n'a cessé de visiter avec curiosité les nouveaux fileurs de soie, a paru suivre avec intérêt leur développement d'âge en âge, leurs diverses transformations, et les procédés susceptibles d'être mis en pratique tant pour les éducations industrielles que pour celles destinées à la grande culture, sur taillis de chênes.

Tout d'abord, on cherchait les Vers sans les apercevoir,

Fig. 2. — Exposition universelle de 1867. — Parc du champ de Mars. — Pavillon des Vers à soie du chêne, de M. Camille Personnat.

parce qu'ils se confondaient avec les feuilles, dont ils ont la couleur; mais lorsque l'œil avait su les découvrir, on admirait combien ces belles chenilles vertes, accrochées aux branches, mangeaient avec appétit la feuille du chêne commun de nos bois, et paraissaient vivre facilement, en plein air jour et nuit, sous un climat parfois peu propice, exposées au vent, à la pluie et à toutes les variations de l'atmosphère.

On admirait aussi les magnifiques papillons, dont les larges ailes, marquées de grandes lunules, offraient toutes les nuances entre le jaune d'or, le gris et le fauve foncé.

Mais ce qui excitait surtout l'intérêt des hommes sérieux, c'était la beauté de forme et la couleur jaune verdâtre des cocons, parfaitement fermés aux deux bouts (ce qui en rend le dévidage mécanique très-facile) ; c'était la quantité de matière qu'ils renferment ; la finesse, le nerf et l'éclat du brin ; la force, la régularité et la richesse des tissus.

Aussi le minimum de rendement annuel (de 1,000 à 1,200 fr. par hectare de taillis bien aménagé), que j'ai indiqué dans mes conférences, a-t-il paru complétement admissible et exempt de toute exagération. On a même reconnu, d'après les détails rigoureux de mes calculs, que ces évaluations pouvaient être assez souvent au-dessous de la réalité.

Le *Yama-maï* est donc susceptible d'entrer, dès à présent, dans la grande culture.

Ma part, dans cette conquête agricole, est d'avoir su l'acclimater définitivement, puisque seul j'ai pu le reproduire, d'année en année, depuis cinq ans, des graines de M. van Meerdervoort, — et d'avoir étudié complétement ses mœurs et ses besoins, de manière à donner aux éducateurs de l'avenir un guide détaillé, qui leur permette d'éviter les échecs et d'arriver au succès.

Et c'est, je l'avoue, avec la satisfaction de l'acclimatateur, du propagateur attaché par un entier dévouement à la mission qu'il s'est donnée, que j'ai vu les savants, les grands propriétaires, les populations rurales de tous les pays, étudier avec le plus vif intérêt cette nouvelle industrie, en calculer l'importance et réclamer tous les détails propres à mettre en lumière ses avantages et ses inconvénients.

Le résultat des informations, il faut le dire, a toujours été complétement favorable. L'Allemagne, l'Autriche, la Russie, la Prusse, la Hongrie, toute l'Europe centrale, l'Angleterre et toutes les contrées de l'Amérique ont compris l'immense avenir du *Yama-maï*, partout où croît le chène, et l'inépuisable source de richesse promise aux peuples qui sauront en fixer, en développer la culture.

Le Jury international de l'Exposition universelle, lui-même, a voulu partager cette opinion et reconnaître l'efficacité de mes efforts, en décernant à mes éducations de Ver du chène un premier prix de la classe 81, une médaille d'or.

Les spécimens d'éducations que j'ai montrés, et l'exhibition de mes produits comprenant aussi quelques autres espèces de séricigènes, je vais en dire quelques mots, en les comparant à celle que j'avais surtout en vue de faire connaître.

Trois autres Vers peuvent se nourrir des feuilles de chènes: ce sont les *Bombyx* ou *Attacus Pernyi*, du nord de la Chine, *B. Mylitta* et *B. Roylei*, de l'Inde septentrionale. Ils donnent des cocons fermés, qui contiennent beaucoup de matière; la soie en est grise, terne, un peu grossière, il est vrai, et les brins sont unis par une gomme très-abondante et très-dure, qui ne se dissout que dans un bain bouillant de potasse, ce qui rend le dévidage difficile et altère un peu la qualité du fil. Cependant les étoffes qu'on en pourrait obtenir, quoique sans brillant, auraient une très-grande solidité. Elles se rapprocheraient de la toile. Mais c'est le cocon, la chrysalide, et non pas l'œuf, qui passe l'hiver, en sorte qu'il faudrait des soins fort minutieux, difficiles à prendre, pour conserver une nombreuse récolte et donner à l'insecte, pendant de longs hivernages, toute

l'aération nécessaire. Ces trois espèces, d'ailleurs, essentiellement sauvages et jusqu'à présent rebelles à la domestication, ne
sont pas encore acclimatées en Europe.

Le Ver de l'ailante, *Bombyx (Saturnia) Cynthia*, dont j'ai
exposé aussi des chenilles vivantes sur mes ailantes du champ
de Mars, est, comme le *Yama-maï*, très-rustique, et s'accommode fort bien de la culture en plein air. Il a, dans le Midi,
deux générations par an, et donne conséquemment deux récoltes, ainsi que je les ai facilement obtenues, à Privas (Ardèche), dans les éducations que j'en ai faites en 1860 et 1861,
époque de son apparition en France. Mais le cocon est petit
et naturellement ouvert, ce qui en rend le dévidage mécanique
impossible par les moyens ordinaires, parce que le cocon s'em-
plit d'eau dans le bain, plonge au fond de la bassine et fait
casser le fil à chaque instant. M. le docteur Forgemol est arrivé,
il est vrai, à le dévider par un procédé particulier ; mais ce procédé ne paraît guère susceptible d'entrer encore dans la grande
pratique industrielle. La soie, grise et sans éclat, n'a pas une
grande valeur. Dans les contrées méridionales, cependant, à con-
dition de faire deux récoltes par an, sans frais, sur des taillis
d'ailantes plantés au sommet des coteaux, on pourrait, je crois,
obtenir des résultats satisfaisants ; tandis que dans le nord et
dans le centre de l'Europe, où, en raison du climat, les éducateurs seraient obligés de se limiter à une seule récolte, il semble
que le produit ne puisse jamais devenir suffisamment rému-
nérateur.

Le *B. (Sat.) Arrindia*, du ricin, donne, comme celui de
l'ailante, des cocons petits et naturellement ouverts ; de plus,
cette espèce n'a pas d'hivernage, ce qui en rend l'acclimatation en France impossible.

Enfin, le *B. Cecropia*, de l'Amérique du Nord, qui vit sur le
prunier ; le *Faidherbia Bauhiniæ*, du Sénégal, qui mange les
feuilles du jujubier ; le *B. Luna*, de l'Amérique-N. ; le *B. Atlas*,
des montagnes de l'Himalaya, qui vit sur le *Berberis asiatica*,

et quelques autres espèces, donnent des cocons ouverts, difficiles à dévider, ou se nourrissent de végétaux peu susceptibles
de se répandre dans nos climats.

Il demeure donc évident qu'après le Ver du mûrier, la plus
belle des espèces connues, la seule qui, pour nos pays, offre
un intérêt sérieux, c'est le *Bombyx Yama-maï*.

On ne m'accusera pas, je l'espère, de plaider en sa faveur
uniquement parce que mon nom se trouve attaché à l'histoire
de son introduction définitive en France. On me rendra cette
justice, au contraire, que c'est après avoir étudié, expérimenté
les autres espèces, et reconnu l'immense supériorité du *Yama-
maï*, que je me suis consacré à son acclimatation, à sa propagation en Europe, au milieu de fatigues, de difficultés sans
nombre et au prix de sacrifices considérables.

TABLE

—

PARIS. — IMP. SIMON RAÇON ET COMP., RUE D'ERFURTH, 1.

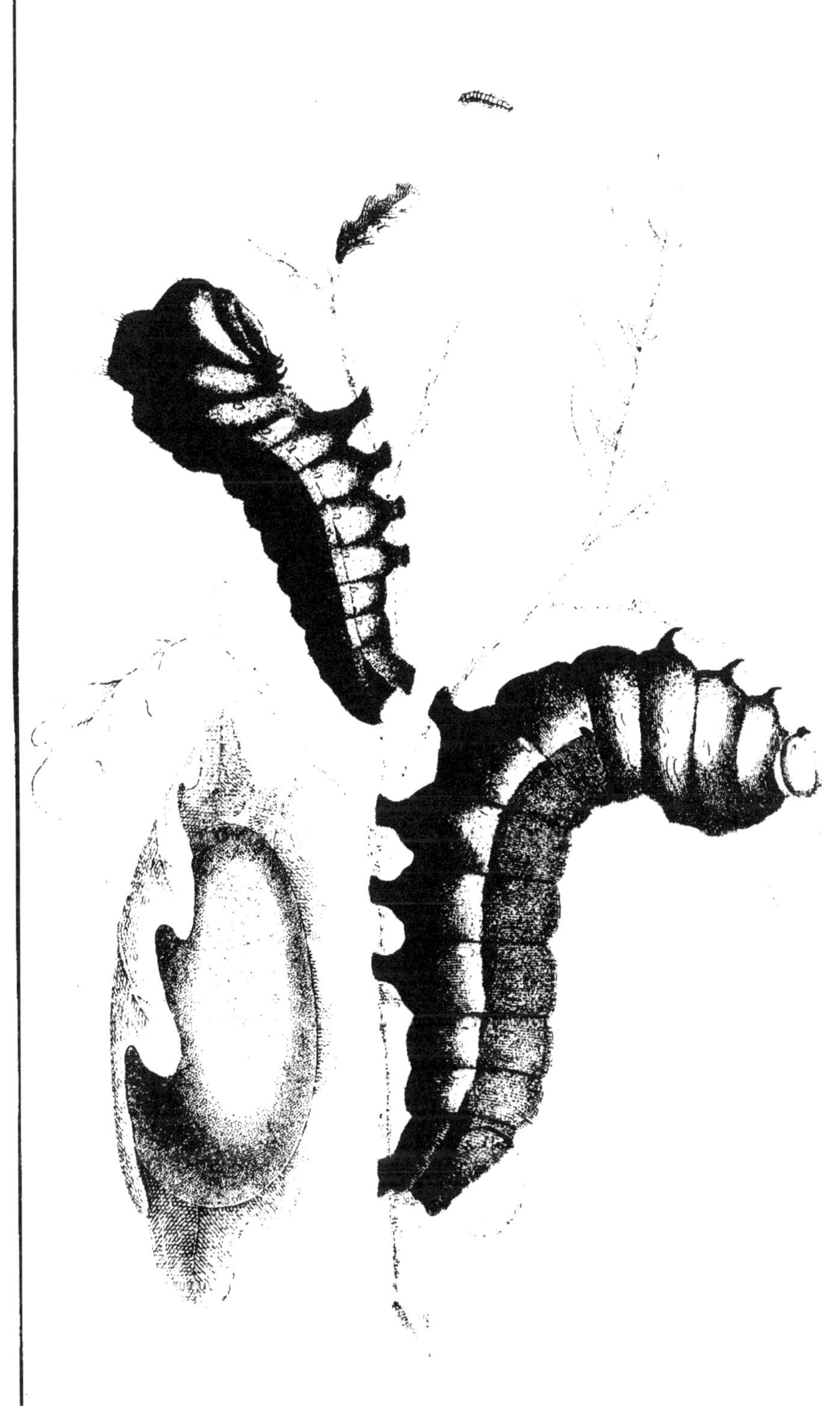

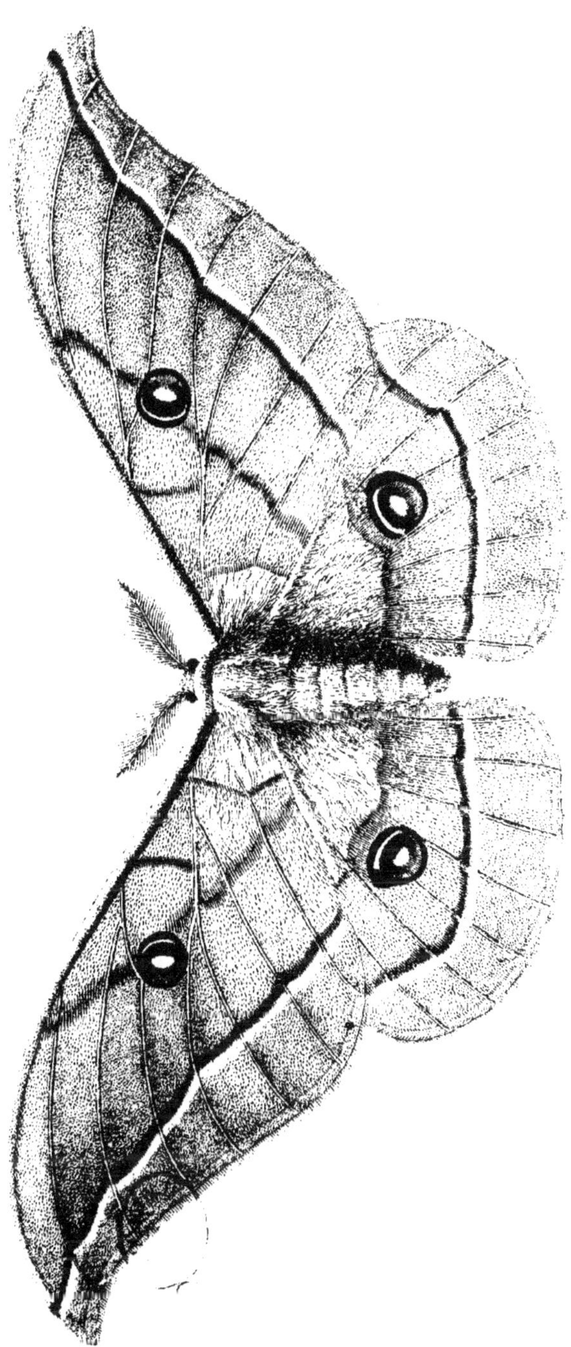

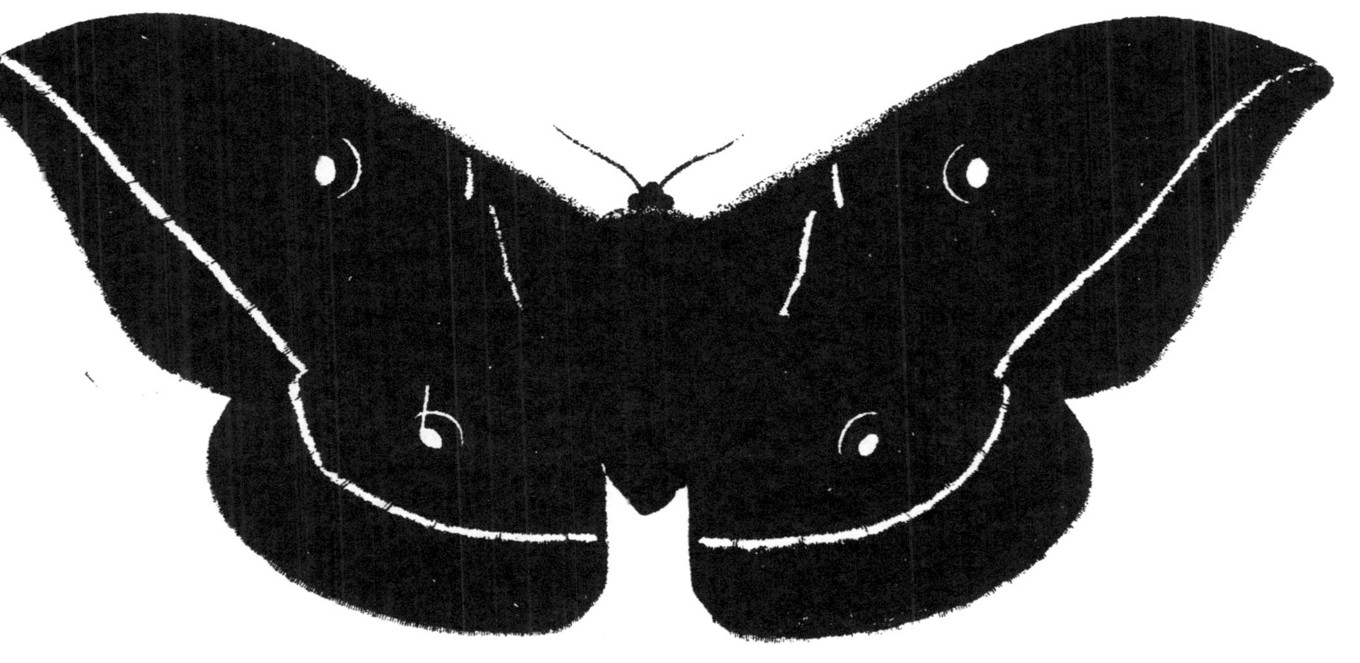

Bombyx Antherœa Yama-Maï Guer. M

Femelle - Grandeur Naturelle